十二五高等院校应用型特色规划教材

模型制作
——产品设计手板案例

李红玉　刘秋云　主　编

杨　燊　刘　丰　张世浩　副主编

U0391207

清华大学出版社

北　京

内 容 简 介

模型制作是产品设计、工业设计类专业必修的课程，主要针对在产品创意设计阶段，通过将产品效果图实物化，通过三维可触摸的实体模型来推敲造型，验证设计方案的形态、体量、比例、人机关系、结构等，在工业生产中叫做手板制作。

本书按照专业教学的需求并联系当前生产实际案例，根据教育部培养高素质、高技能型人才的要求，知识与技能并重，为人才培养提供参考。全书共 6 章，内容包括手板模型制作概论、手工模型制作（分别用黏土、泡沫塑料、石膏、ABS 等材料制作）、工业手板制作以及模型案例欣赏。

参与本书编写的除了长期在教学一线授课的教师外，还有企业专家。本书充分考虑了教学要求和生产实际，体系完整，内容丰富。

本书可作为高等院校工业设计类专业的学习用书，也可供社会相关人士自学之用。

图书在版编目（CIP）数据

模型制作：产品设计手板案例/李红玉，刘秋云主编 . --北京：清华大学出版社，2015
（十二五高等院校应用型特色规划教材）
ISBN 978-7-302-39375-7

Ⅰ．①模… Ⅱ．①李… ②刘… Ⅲ．①产品模型-制作-高等学校-教材 Ⅳ．①TB476

中国版本图书馆 CIP 数据核字（2015）第 050052 号

责任编辑：彭　欣
封面设计：汉风唐韵
责任校对：王荣静
责任印制：沈　露

出版发行：清华大学出版社
　　　　网　　　址：http：//www. tup. com. cn，http：//www. qbook. com
　　　　地　　　址：北京清华大学学研大厦 A 座　　　邮　　　编：100084
　　　　社 总 机：010-62770175　　　　邮　　　购：010-62786544
　　　　投稿与读者服务：010 - 62776969，c-service@tup. tsinghua. edu. cn
　　　　质量反馈：010-62772015，zhiliang@tup. tsinghua. edu. cn
印 装 者：北京亿浓世纪彩色印刷有限公司
经　　　销：全国新华书店
开　　　本：185mm×260mm　　　印　　　张：10.75　　　字　　　数：197 千字
版　　　次：2015 年 4 月第 1 版　　　印　　　次：2015 年 4 月第 1 次印刷
印　　　数：1～4000
定　　　价：43.00 元

产品编号：055640-01

前言

　　随着市场经济环境的变化,工业设计成为"制造业的终极竞争力",是产品研发过程的重要一环。在产品创意阶段,为了推敲创意与造型,通过三维的实物模型验证设计方案的尺寸、比例、人机关系、结构甚至功能更为直观。设计人员一般制作较为粗糙的草模来将设计深化,通常采用容易造型和加工的黏土、泡沫塑料、石膏等材料制作;而生产企业为了验证结构和功能,避免直接开模造成的损失,需要制作仿真模型,也称手板。

　　在工业设计类专业教学中设置模型制作课程,一方面可以培养学生的动手能力和从二维到三维的思维转换能力;另一方面还可将产品材料与工艺的相关知识和技能融入其中,使学生在实践的过程中补充专业知识,同时反观设计是否符合实际的生产工艺。因此,本书在编写过程中,采用了大量的模型制作实例,过程详尽,思路清晰,各知识点配图说明,力求以直观的方式展示制作过程;同时,联系企业生产实际,通过实例对现代手板制作行业的手板制作流程和快速成型的新技术、新趋势进行了介绍和展示。

　　本书是校企合作编写的特色教材,参加本书编写的人员除了院校长期在一线教学的教师之外,还有具有丰富实践经验的"教学企业"一线行业企业专家。本书各章节撰写人员如下:第 1 章,李红玉,刘秋云,杨燊,刘丰;第 2 章,李红玉,刘秋云;第 3 章,刘秋云;第 4 章,李红玉;第 5 章,杨燊,李红玉,张世浩;第 6 章,刘秋云。本书在编写过程中得到了多方面的支持与协助,是集众人努力的成果,在第 1、4、5、6 章的编写过程中,得到了广州大业工业设计有限公司、珠海纯生电器有限公司、中山森美手板模型制作公司等企业的大力帮助,它们提供了高质量的案例素材和专业的编写意见,为本书增色不少,在此对它们致以最诚挚的谢意! 衷心感谢梁兆云老师在百忙的工作之余不辞辛劳地精心拍摄了部分模型照片,感谢李海老师在模型案例制作过程中给予的鼎力协助。最后,特别要感谢广东科学技术职业学院 2007 级至 2012 级产品造型设计专业的同学们,在学习"模型制作"这门课程的过程中,同学们一丝不苟、全身心投入地制作出了一大批优秀的模型作品,在本书的案例搜集、整理的漫长过程中,也得到了同学们积极、热情的帮助,为本书的顺利编写提供了强有力的支持。

本书在编写过程中,参考了国内部分模型制作的著作、论文和教材,书中大量的案例和图片为近年来编者教学心得的积累和整理,其中不是编者拍摄的,多标明了作者或来源,以尊重原作者的权益。由于时间紧迫,书中某些案例的图片在质量上未能尽如人意,不免留下遗憾。书中内容力求叙述详尽,但由于时间所限,学识所限,书中偏颇、错漏之处难免,如果所写内容能够给读者以启示或参考,是编者最大的欣慰,还望各位专家、读者在海涵的同时不吝赐教!

为方便教师教学,本书配有内容丰富的教学资源包(包括精致的电子课件、教案、教学视频、学生实训报告等),下载地址:http://www.tup.tsinghua.edu.cn。

目录

第 1 章
产品设计手板模型概述

1. 了解模型的用途。
2. 可根据模型的功能和造型特点选取适当的材料来制作模型。
3. 掌握模型制作的工序,认识模型制作工具的特点。
4. 了解 CNC 加工中心和 3D 打印技术。

模型是工业设计的一种直观的表达方式。手绘创意效果图和电脑二维或三维效果图,都是对三维对象的模拟呈现,虽然色彩、质感、肌理各方面都能达到较逼真的效果,但都局限于视觉的感受上,无法形成完整的感官刺激。工业设计手板模型作为真实的表现,把设计构想的形态、尺寸、比例、色彩、肌理、材质等具象化,纠正图纸到实物之间的视觉差异,进一步完善设计构思,检验设计方案的合理性,并以实物进行展示和交流。

针对不同的用途,模型所起的作用不同,所用材料、制作要求也不同。从材料上讲,既有容易成型、工艺简单的纸模型、黏土模型、泡沫塑料模型、石膏模型,又有需要借助模具,热压成型的热熔性塑料模型,甚至需要建立数字模型,或通过数控设备快速成型的模型。从用途上来讲,有供创意推敲的研究型模型,也有可供展示的仿真模型,更有直接装配零部件的样机模型,现代数控技术更是直接可以实现部分产品或零部件的生产。因此,在掌握模型制作工序的基础上,熟悉模型制作的常用材料和工艺,分析产品造型特点,选择合适的材料和手段来制作,是我们本章学习的重点。

1.1 工业产品手板模型的作用

模型制作是工业设计师从事产品设计的基本技能,是进行创意思维三维表达和展示、交流的重要方式,也是检验创意实体化的可能性和合理性的必要手段。工业设计手板模型,也称手板,是工业产品设计过程中检验产品外观是否美观,验证结构是否合理,或者是否符合人机工学等的功能性模型,因为模型具有直观性和真实性的特点,对产品的设计、生产、工艺设计、装配、维修方面均具有不可比拟的指导意义,目前已成为工业设计表达的必要手段。制作产品模型的意义在于,能为产品投产提供依据,主要表现为以下几点:

(1)推敲设计构思,是设计方案评价的依据。

(2)测试产品性能;确定加工成型方法和工艺条件。

(3)材料选择。

(4)通过制作样机模型缩短开发周期。

（5）预测产品市场销售前景，避免盲目生产投入。

（6）进行产品生产成本核算。

（7）确定产品是否批量投产等。

案例 1-1

如图 1-1 至图 1-4 所示，模型在产品形态构思、设计交流展示和验证设计成果方面提供了一种真实、低成本的表达方式，降低了直接开模的风险，保障产品开发过程的科学性，加速开发进程，提高成功率，为产品上市抢占先机。

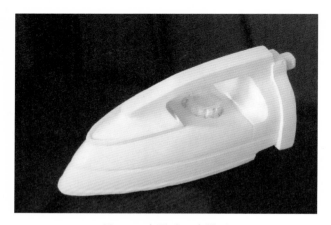

图 1-1　电熨斗石膏模型

点评：作为推敲创意、构思形态的研究型模型，也可称为创意草模，通常采用黏土（陶泥）、油泥、石膏、纸、高密度泡沫塑料等容易成型，且方便修改的材料，制作等大或一定比例的模型，对产品形态、比例进行反复推敲，或进行人机工学实验。

图 1-2　展会上的飞机模型

点评:为了与客户或消费者就设计意图或新产品进行沟通和交流,制作具有真实色彩和质感的实体模型加以展示,要求外观和设计效果一致,是一种外形上高度仿真的模型。

图1-3　日本手机精细模型1　　　　　　　　图1-4　日本手机精细模型2

点评:目前,很多模型都采用数控设备进行高精度的制作,家用电器、数码产品等甚至可以直接装配成一台或几台样机,帮助工程师进行工艺分析和样机测试,降低直接开模的风险,加快产品制造进程,同时利用样机提前宣传或开始预售,抢占市场先机,在售卖手机的展柜里我们都经常会看到高精度的,可以以假乱真的手板或样机。

 小贴士

手绘、电脑效果图和实体模型是产品设计表达的3个阶段,三者之间是一种递进关系,这是因为专业设计教育中的二维思维描述与三维思维展示这两种思维的交互运作、补充和渗透在设计教学中是极为重要的。产品手板模型的制作主要培养学生的动手能力和解决问题的能力,也是验证设计和训练设计思维的一种手段,培养学生在平面(图纸)与实体塑形之间转换的理解力,使学生通过动手对空间体量、成型工艺、材质、比例、色彩与产品的关系有直观、深切的体会。

提示:

目前,模型制作逐步从手工向机械化转化,应用领域也越来越广泛,从CG角色手板到玩具设计,从工业产品设计模型到汽车、飞机仿真模型,从产品构思草模到概念产品展示模型,都折射出科技发展对模型制作技术的影响。手板模型作用的不同,制作的精度要求也不同,需要适当选择加工材料和加工手段。

1.2 工业产品手板模型的分类

1.2.1 按用途分类

根据用途的不同,模型可分为研讨性模型、功能性模型、展示模型、手板样机模型。

1. 研讨性模型

研讨性模型也叫草案模型或构思模型,在设计初期,作为设计者研究、推敲和拓展构思的手段。研讨性模型多用于研讨产品基本形态、尺度、比例和体面关系,具有大致差不多的尺寸和粗略的凹凸转折关系,不过多地追求细部刻画。研究模型常常制作多个,以供比较、分析和选择,采用易于成型加工和反复修改的材料进行。

2. 功能性模型

功能性模型用来研究产品的形态和结构、产品的各种构造、机械性能和人机关系。功能性模型强调产品的功能,研究机械构造、各组件的相互配合关系。功能性模型可以进行整体和局部的功能试验,测量必要的技术数据,记录动态和位移变化,模拟人机关系和功能操作演示,通过实验反馈,继续修正设计,使产品具有良好的使用功能。

3. 展示模型

展示模型又称为仿真模型,用以表现所设计产品最终的真实形态、色彩、质感,力求与最终投产的产品外观完全一致,但一般不反映产品的内部结构,具有展示、宣传、设计交流和评价等作用。展示模型通常选用加工性能好的材料进行制作,如高强石膏、木材、塑料及金属等。

4. 手板样机模型

手板样机模型是严格按照设计要求,以充分体现产品外观特征和内部结构的模型,具有实际操作使用的功能,正式批量生产之前一般都会制作产品的手板样机模型。

其外观处理效果、内部结构和机电操作性能都力求与成品一致。帮助设计者进一步校核、验证设计的合理性,审核产品尺寸的正确性,提高工程图纸的准确度,并为模具设计者提供直观的设计信息。

手板样机模型常用的制作材料有 ABS 塑料、有机玻璃、石膏、黏土、油泥、泡沫塑料、木材、玻璃钢、金属等,这些材料可单独使用,也可组合使用。专业模型制作公司常用材料以 ABS 塑料加厚板材、块材为主,用 CNC 加工中心加工成型。

总之,不同用途的模型在不同方面各有优势,如表 1-1 所示,可以根据它们的不同特点来进行区分,并依此选择合适的材料来制作相应的模型。

表 1-1 不同功能模型的比较

名　称	用　途	侧　重　点	细致程度	数量
研讨性模型	方案构思、方案研讨	形态造型	粗略	多
功能性模型	功能试验及模拟、功能操作演示、结构研究	功能和结构	一般	少
展示模型	方案展示、宣传、交流、评估	形态、色彩、质感等外观	细致	少
手板样机模型	综合检验设计,为投产做准备	外观、结构、功能缺一不可	最细致	少

1.2.2 　按材料分类

按模型制作的材料,可分为黏土材料模型、油泥材料模型、泡沫塑料模型、石膏材料模型、塑料模型、纸材模型、木模型、玻璃钢模型、金属模型。

1. 黏土材料模型

黏土具有良好的黏结性、可塑性、吸附性、耐火性等。

优点:取材容易,价格低廉,可塑性好,修改方便,可以回收和重复使用。

缺点:成品重量较重,对于尺寸要求严格的部位难以精确刻画和加工,模型干燥后容易收缩变形或龟裂,不易长期保存。

应用:一般可用来制作小体积的产品模型,主要用于构思阶段中的草模制作,如图 1-5 和图 1-6 所示。

图 1-5　电话泥模型

图 1-6　龙猫泥模型

2. 油泥材料模型

用油泥材料来加工制作模型,其特点是可塑性好,经过加热软化,便可自由塑造和修改。

优点:油泥的可塑性优于黏土,可进行较深入的细节表现。它易于黏结,不易干裂变形,可回收重复利用,特别适用于制作形态复杂的产品模型。

缺点:成品重量较重,怕碰撞,受压后易损坏,不易涂饰着色。

应用:一般可用来制作研讨性草模型或展示模型,如图1-7和图1-8所示。

图1-7　制作汽车油泥模型　　　　图1-8　汽车油泥模型

3. 泡沫塑料模型

泡沫塑料是在聚合过程中将空气或气体引入塑化材料中而成的。泡沫塑料可分成硬质和软质的两种类型。模型制作经常使用的是硬质的泡沫塑料。与大多数模型制作所用的材料相比,特点是加工容易,成型速度非常快。不过它们的表面美感远不如其他材料好。由于泡沫塑料表面多孔,所以对这样的表面进行涂饰时,程序繁复,效果较差。

优点:材质松软,重量轻,容易搬运,容易加工成型,不变形,具有一定强度,能较长时间保存,价格较低廉。

缺点:怕重压碰撞,不易进行精细的刻画加工,不易修补,也不能直接着色涂饰,易受溶剂侵蚀影响。

应用:适宜制作形状不太复杂、形体较大的产品模型或草模型,如图1-9所示。

4. 石膏材料模型

熟石膏遇水具有胶凝性,可在一定时间内硬化。可采用浇铸法、旋转法、翻制法和雕刻

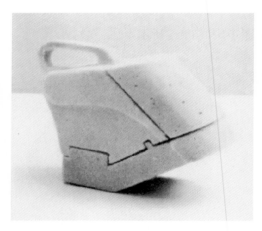

图1-9　泡沫塑料模型

法等成型方法来制作。以石膏材料制作的模具可以对模型原型进行翻制。

优点：价格相对低廉，具有一定强度，成型容易，不易变形，打磨可获得光洁表面，可涂饰着色，长时间保存。

缺点：成品较重，怕碰撞，质脆易碎，搬运不方便。

应用：用于制作体量不太大的、细节和形状不太复杂的产品模型，一般多用于制作研讨性和展示模型，如图 1-10 所示。

图 1-10　电话石膏模型

5. 塑料模型

塑料模型的制作材料分别有塑料板材、管材、棒材等，如图 1-11 和图 1-12 所示。塑料板材分为透明与不透明两大类，分别以 ABS 塑料和有机玻璃为代表。透明材料的特点是能把产品内部结构、连接关系与外形同时加以表现。塑料模型精致光洁，可用热压法和黏结法成型。

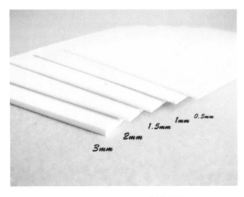

图 1-11　ABS 塑料板材

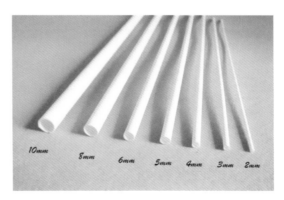

图 1-12　ABS 塑料管材

优点：成品重量轻,可进行较为细致的刻画,加工着色和黏结都较为方便,表面处理效果好,可长时间保存。

缺点：材料成本较高,精细加工难度大。

应用：一般宜用于制作模型的局部或小型精细产品的展示模型,如图 1-13 和图 1-14 所示。

图 1-13 食盒（ABS 塑料模型,学生设计作品）

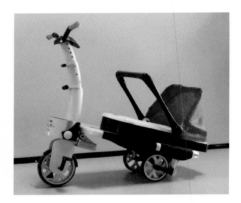

图 1-14 婴儿车（ABS 塑料模型,学生设计作品）

6. 纸材模型

纸材有白板纸、色卡纸、肌理卡纸、瓦楞纸等。

优点：取材容易,重量轻,价格低廉,品种、规格、色彩多样,使用范围广;易折叠、切割,加工方便,表现力强;可用来制作形状单纯、曲面变化不大的模型。同时可以充分利用不同纸材的色彩、肌理、纹饰,而减少繁复的后期表面处理。

缺点：物理特性较差,强度低,不能受压,容易产生弹性变形,吸湿性强,受潮易变形,粘接速度慢,成型后不易修正。如果需做较大的纸材模型,在模型内部要作支撑骨架,以增强其受力强度。

应用：一般用于制作产品设计之初的研讨性模型,如图 1-15 和图 1-16 所示。

图 1-15 汽车纸模型

图 1-16 飞机纸模型

7. 木模型

木材被广泛地用于传统的模型制作中。虽然对其加工工艺有较高的要求,但木材仍可用简单的方法来加工。可以用它来制作精致的木模型,或作为制作其他模型的补充材料。

优点:强度好,不易变形,纹理美观,易于涂饰,表面处理效果好,材质轻,运输方便,可长时间保存。

缺点:制作费时,需要比较专业的加工技术,对工艺要求高,制成后不易修改。用它做大型的模型时,必须在装备齐全的车间和使用专业化的木工设备来辅助完成。

应用:适宜制作形体较大的模型,如图 1-17 所示。

图 1-17　相机木模型

提示:

除了非常专业的需要外,一般很少完全采用木材来制作大型模型。与其他的材料相比,木模型需要用到各种不同的装饰方法。通常用它与装饰性的材料(如纸材和塑料等)配合,可以节省时间和费用。

8. 玻璃钢模型

玻璃钢模型是采用环氧树脂或聚酯树脂与玻璃纤维制作的模型,多采用手糊成型法制作。首先必须在黏土或其他材料制作的原型上用石膏或玻璃钢翻出阴模,然后在阴模内壁逐层地涂刷环氧树脂及固化材料,裱上玻璃纤维丝或纤维布,待固化干硬后脱模,便可以得到薄壳状的玻璃钢形体。玻璃钢材料具有较好的刚性和韧性,表面易于装饰。

优点:强度高,耐冲击和碰撞,表面涂饰处理效果好,可长期保存。

缺点:制作程序复杂,工序多,无法直接成型。

应用:适用于展示模型和较大型产品的模型制作,如图 1-18 和图 1-19 所示。

图 1-18　玻璃钢雕塑(一)　　　　　　　　图 1-19　玻璃钢雕塑(二)

9. 金属模型

在模型制作中,金属经常作为补充的辅助材料。与木材一样,体积大的、厚实的金属板、金属管和金属棒需要较重的加工设备和专业化的车间。采用金属材料加工制作的模型,具有高强度、高硬度、可焊、可锻的特性和易于涂饰等优点。

在模型制作中经常使用的是最薄的和最软的片材金属,用来制作产品模型的部分结构。还经常在板材上涂覆金属的漆料来模拟金属效果。加工金属材料的面积和数量要符合模型制作的快速、便捷的原则。

优点:高强度、高硬度,耐冲击和碰撞,表面涂饰处理效果好,可长期保存。

缺点:如采用金属材料加工制作大型模型,加工成型难度大,制作费时,需要比较专业的设备和加工技术,不易修改而且易生锈,形体笨重,也不便于运输。

应用:通常用来制作功能性模型或展示模型,特别是具有操作性能的功能模型,如图 1-20 所示。

图 1-20　汽车金属模型

产品模型制作的主要工具、设备和辅助材料

1. 量具

在模型制作过程中,用来测量模型材料的尺寸、角度的工具称为量具。依靠量具来界定、标记模型各部分的尺寸和形状。常见的量具有直尺、卷尺、游标卡尺(图 1-21)、直角尺、组合角尺、万能角度尺、内卡钳、外卡钳、水平尺等。

2. 画线工具

根据图纸或实物的几何形状尺寸,在模型表面上画出加工辅助线的工具称为画线工具。常见的划线工具有划针、划规、高度划尺(图 1-22)、划线盘、划线平台、方箱、V 型铁、划卡、圆规(图 1-23)等。

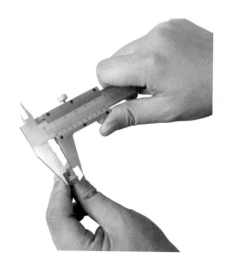

图 1-21　游标卡尺

图 1-22　高度划尺

图 1-23　圆规

3. 切割工具

用金属刃口或锯齿,分割模型材料或工件的加工方法称为切割,完成切割加工的工具称为切割工具。常见的切割工具有勾刀(图 1-24)、美工刀、剪刀、曲线锯(图 1-25)、钢锯、电动线锯机(图 1-26)、裁板机(图 1-27)等。线锯机主要用于切割有机玻璃板、塑料板,如果使用得当,利用线锯机切割曲线或镂空图案都比较方便。

图 1-24　勾刀

图 1-25　迷你曲线锯

图 1-26　电动线锯机

图 1-27　裁板机

电动线锯机的操作步骤为：

（1）把工件放在锯台上。

（2）开动机器并调节到合适的速度。

（3）始终按住工件,平稳地推动它进行切割,留心双手与锯条间的距离,以免切割到手。

（4）工件转弯时要注意力度控制,避免绷断锯条。

4. 锉削工具

完成锉削加工的工具称为锉削工具，锉削模型工件表面上多余的边料，使其达到所要求的尺寸、形状和表面粗糙度。常见的锉削工具有各种锉刀（图1-28和图1-29）、砂纸（图1-30）、砂轮机（图1-31）、砂磨机、修边机、钻磨机（图1-32）。使用砂轮机磨平零件的外轮廓边料；钻磨机配有各种形状的磨头，可将零部件的边缘修磨成相应的形状边缘，如图1-33所示。

图1-28　各类锉刀A

图1-29　各类锉刀B

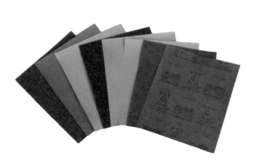

图1-30　砂纸

图1-31　砂轮机

图1-32　微型专业钻磨机

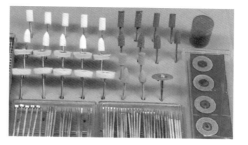

图1-33　微型专业钻磨机磨头

5. 夹持工具

能夹紧、固定材料和工件以便于加工的工具称为夹持工具。常见的夹持工具有台虎钳(图1-34)、平口钳、C型夹钳(图1-35)、U型夹钳、F型夹钳(图1-36)、手钳、木工台钳。台虎钳一般用来将材料或模型部件固定夹持在台钳上,C型夹钳、F型夹钳在模型粘接、切削、装配过程中可对模型的某个部位进行夹紧和固定。

  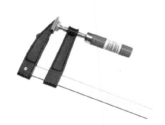

图1-34　台虎钳　　　　　图1-35　C型夹钳　　　　　图1-36　F型夹钳

6. 钻孔工具

在材料或工件上加工圆孔的工具称为钻孔工具。常用的钻孔工具有电钻(图1-37)、微型台钻(图1-38)、小型台钻、手摇钻(图1-39)及各种型号的钻头(图1-40)。

图1-37　电钻钻孔的状态　　　　　图1-38　微型台钻

图1-39　手摇钻　　　　　图1-40　各种型号的钻头

7. 加热工具、设备

产生热能并用于加工的工具称为加热工具。常见的加热工具有烤箱(图 1-41)、吹风机、塑料焊枪、电烙铁、热风枪(图 1-42)。烤箱用来加热热塑性材料(如 ABS),可将材料加热软化至模塑温度,进行热成型加工,或可对油泥进行烘烤、加热。热风枪用于对热塑性塑料的局部加热。

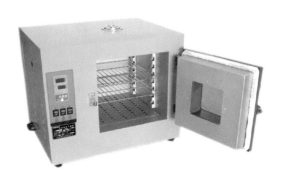

图 1-41　烤箱

图 1-42　热风枪

8. 粘贴剂和相关工具

常见的粘贴剂和相关工具有透明胶带、美工胶带、双面胶、泡沫海绵双面胶(图 1-43)、502 强力胶水(图 1-44)、三氯甲烷(有机胶水)、塑料热熔胶枪、胶棒等。不同的材料适用的粘贴剂不同,泡沫海绵双面胶易手撕,黏性强,可用于硬纸板、泡沫、金属表面及部分塑料表面的黏结,具有较强的黏结力;502 强力胶水,广泛适用于木材、橡胶、塑料、金属、纸张、皮革、陶瓷等产品的粘合;三氯甲烷主要用于有机玻璃和 ABS 塑料的黏结,如图 1-45 所示,应避光密封保存,使用时保持周围空气流通,没用完的三氯甲烷尽快密封,如不小心沾到皮肤上,请尽快用清水冲洗,一般配合注射器使用,如图 1-46 所示,用注射器将三氯甲烷溶剂注射于零件的接合部位使零件互相粘合;塑料热熔胶枪用来焊接塑料等材料,如图 1-47 所示,但黏结的部位会留下比较明显的痕迹,不够美观。

图 1-43　泡沫海绵双面胶

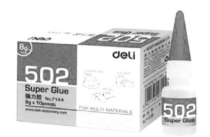

图 1-44　502 强力胶水

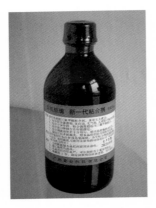

图 1-45　有机胶水

图 1-46　注射器

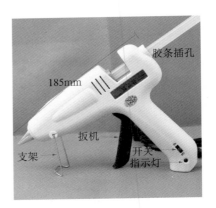

图 1-47　塑料热熔胶枪

注意:

　　将胶条由胶枪尾部插入,通电后 5 分钟便能将胶条熔化,轻按扳机即能挤出熔胶。如果连续 15 分钟不使用胶液,请切断电源,以免胶条继续熔化造成倒胶而损坏胶枪。使用过程中,如果插入的胶条一次未用完,则禁止将胶枪里的胶条从胶枪尾部拔出。

　　9. 填补工具

　　在模型制作后期或涂装之前,常使用腻子填补不平整的表面以提高产品模型的外观质量。在产品模型制作中通常使用的专业腻子为原子灰(即苯乙烯腻子,如图 1-48 所示)。原子灰质地细腻,需要配合固化剂一起使用,如图 1-49 所示,干燥后原子灰会变硬,它是产品模型制作中重要的表面修整材料。原子灰的使用往往需要多次刮涂和反复打磨才能达到较好的表面效果,刮涂以薄刮为主,每刮一遍后待干,用砂纸打磨后,再刮涂,再打磨,反复多次,直至模型表面符合喷涂要求。

图 1-48　原子灰

图 1-49　固化剂

小贴士

原子灰的使用方法如下：

（1）打磨模型表面，彻底除去污垢及水分。

（2）原子灰及固化剂比例为 50 : 1。

（3）原子灰混合物的颜色配炼到呈均匀的程度。

（4）要在 7～10 分钟的可用时间范围内使用。

（5）模型表面涂抹上原子灰后，每次必须用刮刀彻底抚平才行，减少后期打磨的难度。

（6）看其彻底硬化了才打磨。温度较高时，硬化的时间会增长。

10. 喷涂工具

在产品模型制作过程中，涂料是产品模型外观表现的重要材料，它既能对模型起保护作用，又能美化模型的表面效果。纸模型、泥模型、石膏模型等一般不需要表面喷涂，常常需要喷涂上色的是木模型、金属模型、塑料模型。最简单、最常用的是常温自干的罐装手摇自动喷漆，如图 1-50 所示，具有干燥迅速，黏附力强，光泽度良好等综合性能，有多种色彩供选择，使用方便，但颜色不能任意改变。

为了增加模型色彩，可以用稀料加漆料（通常为硝基类漆和溶剂）自调喷漆后用气泵和喷枪喷漆，如图 1-51 所示，其表现力比罐装手摇自动喷漆丰富得多。

此外，还有一类低温烤漆，用冷烤的方式使漆层快速固化以达到镜面光亮的效果，具有非常好的视觉效果，可以在汽车、手机模型中看到。

图 1-50　罐装手摇自动喷漆

图 1-51　喷枪

1.4 产品模型制作的一般工序

产品模型制作一般按照以下的步骤进行。

1. 确定最终方案

从构思的草图中,精选1～2张作比较,筛选后确定最终方案。

用简易材料(如黏土、泡沫塑料等)先做出草模,进行草模分析,以便更准确地把握模型的对称关系、转折关系、结构关系、比例协调关系,明确模型的重点、局部和细节的处理,为正式模型的制作提供重要的参考。

绘制产品效果图、三视图、零件尺寸图和组装图。

2. 拟订完善的制作流程

充分了解各种材料的特性、材料的加工方法、表面处理效果等特点,仔细分析产品的形态造型、结构特点,明确制作过程中可能会遇到的问题、难点,选择合适的模型材料,制定完善可行的模型制作流程。

3. 准备工作

做出详尽的材料需求计划,列出材料清单,将清单中各种材料的名称、规格、型号、数量或代用品等分类注明清楚,利于采购人员按先后顺序和需求进行采购。准备相关的工具,如塑料盆、桶、水勺、毛刷、脱模剂、围板、雕塑工具、量度尺等。此外,还需准备砂轮机、烘烤箱、线锯、钻孔机等必备设备。

4. 模型主体的制作

制作较大型的模型时,应先制作辅助骨架后再进行加工。然后依照图纸的尺寸,采用最终选择的材料按照事先制订的计划制作模型,力求结构完整,细节到位,各部分尺寸准确。

5. 模型表面处理

对模型有缺陷的地方进行修补,打磨光滑后,再进行色彩涂饰,上色应薄而均匀,对于色彩不同的构件,最好先喷涂再黏结。最后在模型表面添加文字、商标、识别符号等细节。

6. 整理资料

对整个制作过程记录资料进行整理,建立技术资料档案。

1.5 工业产品手板模型制作的新技术和新趋势

目前,手工模型通常用纸、黏土、泡沫塑料、石膏等材料制作,主要作为研究模型供学生学习,或供设计师推敲自己的创意,企业新产品研发过程中制作的粗制模型也主要用于研究造型。在交通工具领域,油泥模型主要靠手工制作,可做到较逼真的效果,用来表达产品概念或研究设计细节;要求较高的仿真模型和样机,则主要通过机械加工完成。

目前工业设计领域常用的设备就是 CNC 加工中心,采用数控机床精细化制作模型零部件,在家用电器、电子设备等领域主要使用 ABS 塑料作为耗材,配合人工粘合、装配制作模型;而作为一种新技术风靡全球的 3D 打印机,引领着模型制作走向一个新高度,部分产品可直接用 3D 打印机生产。

1. CNC 加工中心

CNC(数控机床)是计算机数字控制机床(Computer Numerical Control)的简称,是一种由程序控制的自动化机床。该控制系统能够逻辑地处理具有控制编码或其他符合指令规定的程序,通过计算机将其译码,从而使机床执行规定好了的动作,通过刀具切削将毛坯料加工成半成品、成品零件。

2. 快速成形技术——3D 打印

3D 打印技术(3D Printing),是快速成形技术的一种,它是一种以数字模型文件为基础,运用粉末状金属或塑料等可黏合材料,通过逐层打印的方式来构造物体的技术。3D 打印技术,也就是增材制造技术将改变传统制造方式,通过逐层添加材料制造东西,能节省大量时间和原材料成本,可使能源利用率达到 100%。目前,其应用主要集中在两个方面。一是用于高性能的产品,例如燃气轮机、飞机发动机和医疗器械,在这些领域,3D 打印可以提高制造能力;二是 3D 打印和传统制造的结合,3D 打印技术的应用有非常大的潜力,人们正期望 3D 打印这种神奇的技术能带来"第三次工业革命"。

案例分析

个人购买的 3D 打印机,一般使用石膏、ABS 塑料材料,如果用较高端的树脂和金属,即使再过 5 年,也用不起。目前工业化的 3D 打印设备价格高昂,打印技术、材料选择上各有优劣,打印成本较高,因此还未普及,但人们对 3D 打印热情高涨,虽然其不可能完全取代现在的制造技术,但 3D 打印技术有望 5 年后在多个领域得到广泛应用。图 1-52 至图 1-54 是利用 3D 打印技术打印的一些物品。

图 1-52　3D 打印的卡通形象

点评:以往需要花费大量人力和使用多种工具雕刻的工艺品等细节丰富的产品,通过 3D 打印这种增材制造方式,几个小时就可以完成,大大提高了工作效率。

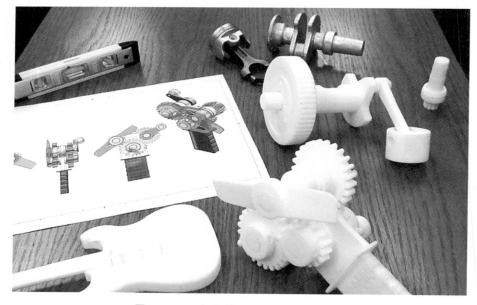

图 1-53　3D 打印的工业产品模型和零件

点评:输入数字模型,3D打印机就可以打印出跟电脑模型完全一致的产品。

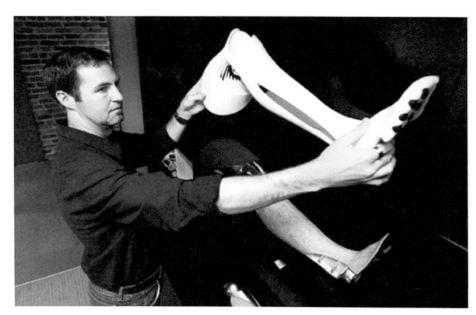

图 1-54　3D 打印的假肢

点评:通用全球副总裁兼通用全球研发中心先进技术负责人迈克尔·埃德戚克在接受记者专访时预测,三年内,3D打印技术就将在航空航天、医疗器械等高附加值领域得到应用;五到七年内,随着设备的不断成熟,能够承受和承担24小时不间断的制造,3D打印技术就能在更广泛的领域得到充分应用。

本章小结

模型制作是产品设计从平面到立体的过程,要根据设计图纸的要求,合理地选用材料,选择恰当的工艺,能准确地表达设计产品的形态、色彩和机能关系。通过模型制作,更好地考察产品的空间比例及体量关系,使设计效果更趋完美。通过模型制作实验提高学生的动手能力和培养其耐心细致的工作作风。通过本章的学习,学生应了解模型制作的意义和功能,熟悉各种模型制作的常用材料及其不同性能和加工工艺,在此基础上实践制作产品模型。

复习思考题

1. 你打算如何学习本门课程?
2. 产品模型制作的意义体现在哪些方面?
3. 产品模型按功能分有哪几种?它们各自的特点是什么?

4. 常用的产品模型制作材料有哪些?

5. 现代的手板模型制作有哪些新技术和新趋势?

实训课堂

1. 利用电动线锯机,在 2mm 厚的 ABS 塑料板上裁切出 100mm×100mm 的正方形和直径为 100mm 的圆形。

2. 利用微型台钻,在 2mm 厚的 ABS 塑料板上打出三排直径分别为 3mm、4mm、5mm 的小孔,孔间距 5mm,行距 5mm,要求打孔均匀,距离相等。

第 2 章
草模型制作

1. 了解草模型的用途。
2. 能用黏土制作草模型。
3. 掌握泡沫塑料制作的程序与方法。

学习指导

　　由于技术发展和设备的限制，在早期，工业样品都是依赖纯手工制作，手板模型的叫法由此而来，手板行业的发展是工业生产的一个里程碑。在高校工业设计、产品设计等专业，模型制作是必修的一门专业课程，以手工为主，根据各学校条件辅以必要的加工工具和设备，通过制作过程，学生可以直观地认识材料特性、学习生产工艺、掌握加工技能，尤其是模具的概念，对检验产品设计的可行性和合理性有着至关重要的意义。

　　在产品设计方案细化阶段，需要通过三维模型来初步验证尺寸、体量、装配、人机等相关因素。通过平面草图或者效果图的方式来表达设计方案，与实体体量和实际空间中的尺度关系还有很大距离。在感官判断上，平面和立体、局部和整体、可视面和整体量感等多方面都存在差异，为了消除这些差异，必须通过立体模型来判断和校正，直接确认产品的使用方式、结构关系、量感、质感等。

　　草模型，简称草模，是产品设计创意阶段用以推敲造型的快速模型制作方式，可分为粗略模型和精细模型。因此，一般采用价格低廉、易于加工、塑形性好的材料，如黏土、油泥、泡沫塑料和石膏等。每种材料都有自身的工艺特性，在使用时应尽可能地利用其性能特点去选择和操作。例如，泥类塑性比较方便，加法、减法处理都可以，但属于软质，体积大了容易坍塌，所以要制作骨架；石膏则只能采用减法处理，不容易修补，切割、雕琢时要特别注意留有余量；泡沫塑料可用块面粘贴制作粗模型，用刀片切削和砂纸打磨制作细节等。

　　草模一般只需要按照设计的尺寸及一定的比例关系（通常是 1∶1）制作出外形和大体的结构关系，具体的内部结构、功能和外观色彩与肌理无须制作。具体精细程度也可视检测目标而定。如果检测设计方案的尺寸关系，可只制作大块面的部分表现体量关系；如果检测人机关系，可针对具体部位做多个模型来试用测量；如果检测外观，则需要在草模上最大限度地表现每个细部的结构体量和线性关系，甚至还要上色以表现配色效果。

2.1 实训任务一:泡沫塑料模型制作

2.1.1 泡沫塑料草模型制作实训指导书

泡沫塑料草模型制作实训指导书

实训目的	掌握利用硬质泡沫塑料制作草模的方法和步骤
实训设备、工具与材料	1. 线锯机、钢锯、美工刀、锉刀、砂纸等 2. 泡沫海绵双面胶,硬质泡沫塑料等
实训要求	1. 实训前要求完成产品造型设计并绘制三视图 2. 制作完整的泡沫塑料模型
实训步骤	1. 确定模型比例:一般采用1∶1比例 2. 根据产品造型特点和材料特性适当拆分以方便制作 3. 划线:根据设计、制作要求,在泡沫塑料上画出切割线 4. 下料:沿切割线切下所需坯料 5. 修整和打磨:将坯料沿边沿修整平整、光滑 6. 组装粘接:按照效果图,用泡沫海绵双面胶、双面胶等将各部分块体黏合固定 7. 检验:通过观测和尺寸测量,检查是否与效果图一致;如有不符,应拆开重新打磨黏合 8. 表面处理:按照效果图的色彩要求进行上色

2.1.2 理论指导

1. 硬质泡沫塑料的材料特性

与几年前模型制作常用的黏土、石膏、油泥等材料相比,泡沫塑料质量轻,方便携带和运输;价格低廉,种类较多;加工容易,成型速度快;且制作过程干净整洁,因此是目前较为常用的工业设计模型制作材料。但泡沫塑料质地松、密度低,表面效果不如其他材料好,适于制作设计初期的研讨性草模型,如图 2-1 和图 2-2 所示。因为材料特性的限制,泡沫塑料比较适合表现粗厚、凸起的形态,不适合于表现薄壳类结构和较细的线、棒以及尖锐边缘。

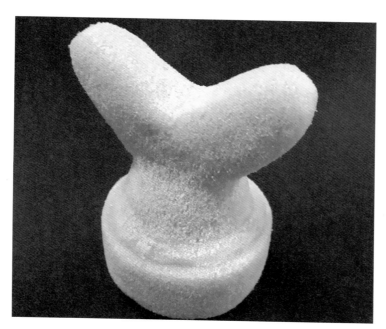

图 2-1　泡沫塑料草模型

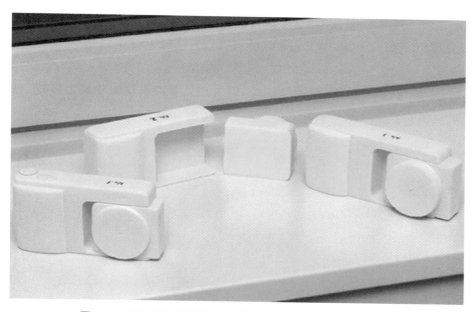

图 2-2　理光 **GRX** 数码相机初期验证泡沫塑料模型(尚趣网)

　　市场上常见且方便选用的泡沫塑料有可发性聚苯乙烯泡沫塑料(简称 EPS),硬质聚苯乙烯泡沫塑料(简称 PS)以及硬质聚氨酯泡沫塑料(简称 PU)。一般是制作成各种厚度的板材出售,也可定制块材、棒材或其他特殊形状。

EPS是一种白色具有颗粒感的轻质材料，一种常用的包装保温材料，常用于家电和计算机等电器产品的保护包装箱、水果和水产的保鲜包装箱，以及一次性饭盒等，如图2-3所示。EPS在工业和建筑上被广泛用于建筑墙体、屋面、冷库、空调、车辆和船舶的保温隔热。

图 2-3　EPS泡沫包装产品

硬质聚苯乙烯泡沫塑料(PS)具有像馒头一样的气孔，质轻，性能优异，具有防潮、保温、高抗压、耐腐蚀、寿命长的特点，在工业和建筑上被广泛用来隔热、防潮和保温。

硬质聚氨酯泡沫塑料(PU)，如图2-4所示，其外观和硬质PS很相似，剖面也是具有无数小气孔，淡黄色，非常像馒头，质硬，可以表达比较细腻精致的模型外观，如图2-5所示。

图 2-4　聚氨酯泡沫板(PU)

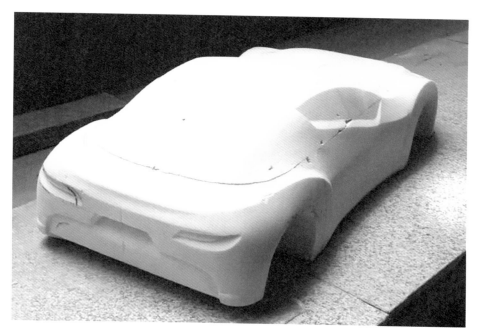

图 2-5　PU 快速模型作品——汽车（视觉同盟网站）

2. 制作工艺及过程

　　根据设计方案的造型特点,应充分考虑泡沫塑料强度不高、材质松散、有气孔的特点,一般选择硬度相对较高的材料,避免切削或打磨加工时造成边角崩碎,如图 2-6 所示。加工前可把复杂形态拆分成简单的几个部分分别加工,避免材料浪费,并合理安排加工步骤,以减少工时。市场上一般出售的泡沫塑料以板材为主,通常按照体积计算价格,尺寸有各种规格,常见的有 1m×2m,厚度从 0.5mm 到 600mm 不等,可根据情况选用。

图 2-6　泡沫塑料模型边缘崩碎现象（学生习作）

制作泡沫塑料模型一般分为以下几个步骤。

（1）备料。

备料是指通过粘合切割好的泡沫塑料板制作成模型坯料，切割前先根据各部分设计尺寸在泡沫板上画好线，一般预留 2～5mm 的加工余量，以防止后续加工过程造成磨损导致尺寸不准确。取料时需避开板料边缘缺损的部位；模型形状比较复杂的，拆分后，需根据各部分尺寸分别下料；模型较大的，一般做成空心的，因此需要根据结构计算各部分材料尺寸。图 2-7 是用线锯机切割泡沫塑料板进行备料。

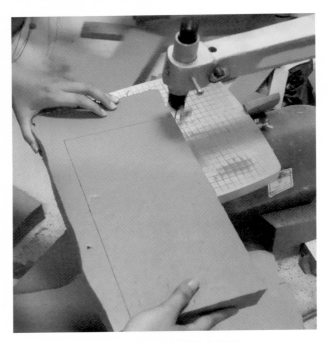

图 2-7　线锯机切割泡沫塑料

切割一般用手工锯、美工刀或线锯机锯割，手工锯切割的断面较为粗糙，容易出现锯齿状割痕，美工刀适用于较薄材料的切割或沿表面切削，在切割较厚板材时，通常使用线锯机切割，其断面平整，棱角分明，一定程度上可减少后期打磨的工作。

泡沫塑料块体可以用乳胶、双面胶、泡沫海绵双面胶黏合，用泡沫海绵双面胶带粘贴时，必须在材料边缘靠内部粘贴，不得暴露在外，以免影响后期加工，如图 2-8 所示。图 2-9 是把按照产品剖面形状切割好的泡沫塑料板逐层粘贴以备后续加工。

图 2-8　泡沫海绵双面胶靠内粘贴

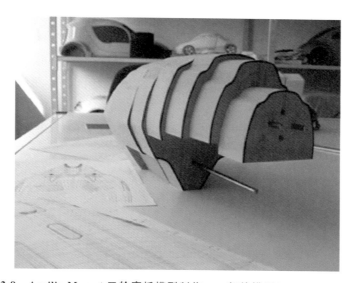

图 2-9　Aprilia Magnet 三轮摩托模型制作——部件模坯（Heikki Naulapää）

（2）修整和打磨。

抓取电脑 3D 模型的切面（三视图或六视图）并打印出来作为样板，样板一般用具有一定硬度的 KT 板（一种由 PS 颗粒经过发泡生成板芯，经过表面覆膜压合而成的一种新型材料）或木板作为底板，先在打印纸上打印图案，然后把打印纸贴在底板上，再根据图纸轮廓裁切掉多余部分；若造型比较方正，则可直接把打印纸贴在模型上作为参考样板，如图 2-10 所示。

修整打磨的过程先从大刀阔斧的粗加工开始，可以用手工锯、美工刀等整块去除

图 2-10　把样板贴在模型上切削掉多余部分

多余的部分,注意不要过度切削变成废品;切削后用样板比对各角度外形,无误后再进行精细打磨。需要雕琢的部分一般使用泥塑刀塑型,然后使用平锉,半圆锉,小什锦锉和用砂纸做的打磨工具等细致打磨,深化细节。草模型制作的精细程度可根据制作目的而定,若只是自己的创意推敲,或设计团队内部的造型研讨,做得粗糙一些也无妨,如需与客户交流,就必须做得精细一些,如图 2-11 和图 2-12 所示均表现了较丰富的细节。

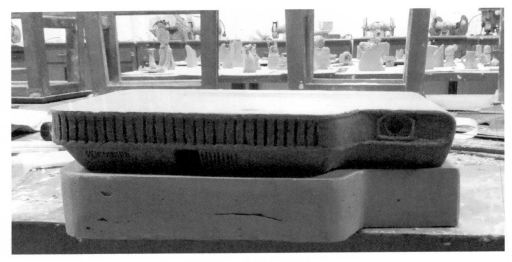

图 2-11　打印机泡沫塑料模型(学生习作)

图 2-12   收音机泡沫塑料模型（学生习作）

2.1.3   泡沫塑料模型制作案例

1. 收音机泡沫草模型

（1）造型分析。

如图 2-13 所示，该收音机形态比较完整，主体是一个圆角长方体，需要制作的细节主要是旋钮和插孔，造型不是很突出的发声孔和显示屏、按键，只需要标示其位置和大小。

图 2-13   收音机效果图（Philips）

（2）制作过程。

该模型的制作过程如图 2-14 至图 2-18 所示。

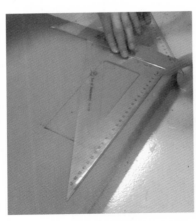

图 2-14　根据产品尺寸切割材料，注意留有加工余量

图 2-15　黏结成模坯

图 2-16　打磨及制作零部件

图 2-17　刻画细节

图 2-18　最终效果

2.2 实训任务二:泥模型制作

2.2.1 泥模型制作实训指导书

泥模型制作实训指导书	
实训目的	掌握泥模型的加工成型方法,包括搭骨架、上泥、刮平、使用模板卡型等,掌握一些设备和工具的使用方法
实训设备、工具与材料	黏土、油泥、水桶、美工刀、泥塑工具、雕塑转台、度量工具、喷壶、塑料薄膜、手锯、工作台等
实训要求	1. 实训前准备好产品的多角度效果图、标注尺寸的三视图 2. 要求造型完整,工艺合理,尺寸准确
实训步骤	1. 根据产品造型确定模型比例,优先采用 1∶1 的比例 2. 准备黏土或油泥材料,以不粘手为宜 3. 粗型塑制:黏土的揉制、堆积、黏结阶段,结合产品形态,若有必要制作骨架,进行粗型塑制,注意骨架应比模型尺寸小 1～2cm,便于后期上泥,塑造出大致的形体 4. 细部塑造加工:运用泥塑刀进行塑型,掌握不同曲面的加工手法,以主体面、线为基础进行重点、局部塑制 5. 调整和修整:对细小部位的误差进行调整和修整 6. 晾干:置于阴凉通风处晾干 7. 上色或喷漆:根据效果图的要求上色或喷漆

2.2.2 理论指导

1. 泥模型概述

草模要求能快速调整形态,反复对造型进行修改,直观感受形态的轮廓线、形体的转折关系等,以方便推敲构思。因此加工烦琐,耗时太长,成本高昂的材料不太适合作为草模的材料。在这一点上,泥模型具备得天独厚的优势,在形态的塑造过程中,设计师能自由大胆地发挥设计创意和灵活多变的想法,并能及时地看到塑造效果,随时进行调整。

2. 泥模型的材料

泥模型材料为黏土和油泥。

（1）黏土。

黏土材料来源广泛，取材方便，价格低廉。其特点是质地细腻，可塑性极强，加工方便，在塑造的过程中易于加工和修改，无论是修、刮、填、补、挖都比较方便。且使用过的泥料或已经风干的泥料还可以敲碎加水后重复使用，是一种比较理想的适于制作构思草模的材料。

但黏土材料也有其自身的缺点：易因失水过多造成收缩、干裂、脱落的现象，不利于长时间保存。另外，对黏土模型进行表面处理的方式也很有限。所以，若为了保存模型的原型，一般泥模型完成后，会用石膏或其他材料进行翻制胎模，再进行适当的表面处理。

黏土使用过程中应注意保持泥料的纯净，避免掺入其他杂质。值得注意的是，当泥模型内外泥料的湿度一致时，黏合度较好，塑形效果也好，所以黏土模型塑形的时间周期不宜过长，以免造成模型内外的泥料湿度不一致，引起黏合力受损，对模型的细节塑造不利。

小贴士

　　泥料的干湿程度，是以手指轻捏即可变形不裂又不粘手、干湿度适中为宜。泥料可以随时添补、削减，非常适用于塑造不规则曲面、凹凸起伏较多的复杂工业产品造型。

　　黏土过干，可塑性变小、变硬，塑造时上泥费力，黏着力小，容易剥裂。

　　黏土过湿，则粘手，也不方便塑形，承受力弱，容易坍塌变形，且收缩和干裂的可能性都更大。

（2）油泥。

油泥是一种人工合成的材料，如图2-19所示，在可塑性、黏合性、易加工性、可反复利用等特性上与黏土材料有着一定的相似性，但又优于黏土。如油泥的可塑性更好，质地细腻均匀，附着力强，具有良好的加工性，表面处理可以极其精细，不易干裂变形，即使在常温状态下，也具有一定的硬度与强度，可长时间保证模型形态的完整，有利于模型的稳定保存。

油泥最为突出的特性是可软可硬，它的可塑性会随着温度而产生变化，高温下油泥会变软，低温下则变硬。油泥软化温度在60℃以

图2-19　国产精雕油泥

上，软化后可以用油泥工具自由地进行加工塑形。相对于其他方法，油泥材料可以方便地、大体积地刮切成任意形态，这种独特的可塑性适合于满足反复推敲、修改的需要。所以油泥经常被用来推敲多曲面的产品形态，在家用电器、交通工具等产品的模型制作中广泛使用。例如，在汽车的开发设计阶段，因为汽车尺寸大，有大量复杂的曲面，而能灵活地表现各种曲面形态正是油泥具备的工艺优势。

另外，专用油泥材料的价格相对较贵，其制作成本的投入相对较大。

3. 泥模型塑造的主要工具种类及运用

（1）手。

手是我们身体最灵巧的部位，也是泥模型加工最重要的工具。手适应泥料特性的能力很强，能制作出各种变化微妙的形体，是塑造功能最强的工具。在模型塑造的过程中，应多注意手的运用和技巧训练，以培养手对泥的控制技巧和对形体塑造的灵巧性。

（2）木槌。

木槌用于敲实泥块，使泥块与泥块之间相互粘连密实，成为一体。在塑造的初期，堆塑大体形态时用得较多。木槌可以自制，表面应稍粗糙，而不要太光滑，否则使用时不易粘泥料。

（3）泥塑工具。

泥塑工具是对黏土或油泥模型进行细化处理时使用的工具。市场上有各种不同的泥塑工具，如图 2-20 所示，可以对模型材料进行刮削、镂雕、切割、抹平等细节的塑造以及对模型体、面、线、角或特殊的表面质感效果进行表现等。其中手柄端用高弹性钢丝弯折成圆形、三角形等各种形状的镂刀是用来镂空的工具，刀口带有细齿的镂刀，可以用类似刨削的方式大量地去除泥料的余量，如图 2-21 所示。为满足某些特定模型制作的需要，还可以用竹片、木材、金属、塑料等材料来自制一些形状各异的泥塑工具。

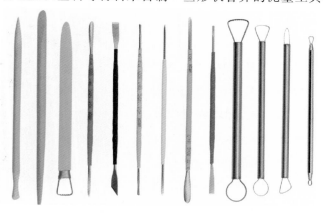

图 2-20　各类泥塑工具

图 2-21　镂刀的使用

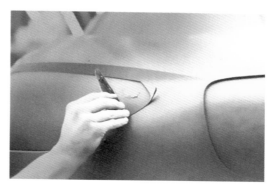

图 2-22　刮片的使用

　　制作油泥模型最常用的工具是刮刀和刮片,如图 2-22 所示,种类较多,且有各种尺寸,依照模型制作由粗到精的过程,对应地有粗刮削用、细刮削用和精刮削用的油泥刮刀,此外,还有不同的刀刃形状。应根据所塑造形态的大小和加工要求来选择。如直角双刃单面带齿油泥刮刀呈平整的矩形,如图 2-23 所示,有一侧的刀刃呈锯齿形,一般作为油泥初敷后的粗削加工,另一侧的平口刮刀则用于细刮。蛋形油泥刮刀的刀片轮廓呈蛋形,它是在刮削圆形凹面、宽度较窄的沟槽或内弧修正时所使用的刮刀,如图 2-24 所示。三角形油泥刮刀的刀片呈三角形,一般只有刀刃不带齿,是用于在直角油泥刮刀难以刮削时,对狭窄、复杂的表面进行加工所使用的工具,也可用尖角部分来勾勒线槽等细节,如图 2-25 所示。

图 2-23　直角双刃单面带齿油泥刮刀　　图 2-24　蛋形油泥刮刀　　图 2-25　三角形油泥刮刀

　　刮片也是制作油泥模型较常用的工具,由优质钢片制成,有极好的弹性和硬度,由于很薄,自然就形成了锋刃。刮片用于刮削油泥模型上大面积的表面,使模型表面变得光顺,钢片有不同的长度、形状及厚度,如图 2-26 所示。钢片越厚弹性越小,刮削泥量越大,多用于粗削加工阶段;钢片越薄弹性越大,刮削油泥量小,用在刮削比

图 2-26　曲率刮片

较精细的表面。

刮片有多种曲率,多为向外凸的曲线形态,因而常用于刮削内凹的弧面。刮片也可以用于校准模型的相关曲率半径,尤其适用于模型对称的部位。也可以自制刮片,如用ABS塑料板来制作。

(4)量规。

量规用来检验、辅助校正模型塑造过程中尺度是否恰当。

在整个塑造过程中,自始至终都必须靠敏锐的观察和手的准确塑造来把握。常用的度量工具有直尺、角尺、半圆仪、游标卡尺、高度画规等,如图 2-27 和图 2-28 所示。

图 2-27　角尺　　　　　　　　　　　　　　　　　　　图 2-28　半圆仪

(5)转盘。

将模型稳定置于转盘上,通过旋转转盘,可以对模型从多个角度进行观察,尤其适合于小型模型的塑造,如图 2-29 所示。

(6)喷壶和盖布。

黏土材料中的水分很容易蒸发,导致出现龟裂现象,还会造成模型的内外湿度、硬度不均匀,从而会给加

图 2-29　转盘

工过程带来麻烦,甚至不能完成制作。为避免这个问题的发生,如果塑造的过程中,间隔时间较长,则用喷壶(图 2-30)对模型表面喷水,保持泥料的湿度和可塑性,防止龟裂。

用湿布覆盖在泥模型上,可保持模型泥体的湿润度,也可以用密封好的塑料薄膜代替。

4. 泥模型的原型塑造

制作体积不大的模型,可以用黏土或油泥直接堆砌出基本形

图 2-30　喷壶

态后,用泥塑工具进行进一步切削或填补,塑造出最终模型。

制作体积较大的模型,可以采用泡沫、木料等材料制作内芯或骨架后,再将黏土或油泥敷在其表面上进行塑造,既节省了成本又增加了强度。

黏土模型和油泥模型大多采用传统的手工工艺来制作,二者的加工方式大致相同,加工制作的步骤如下。

(1)粗型的塑造:对造型作整体的考虑,塑造大致的几何形体后逐步加工成粗型。

(2)进一步的塑造:以主体面、线为基础进行重点、局部、细节的处理,如对称关系、转折关系、结构关系、比例协调关系的处理。

(3)总体调整和局部加工:从多个方向和角度对造型进行观察,并采用模板进行检查,利于发现问题,从而进行整体的调整和局部的修正,使形态趋于标准。

2.2.3 制作过程

制作实例——游戏机泥模型制作

要求:以 1:1 的比例用黏土制作下面这款游戏机的模型,如图 2-31 和图 2-32 所示。

图 2-31 游戏机正面

图 2-32 游戏机背面

制作思路:此游戏机结构相对简单,可整体成型。为节省泥料和保证模型的硬度,模型内部可用泡沫塑料做内芯。游戏机的正面除了按键等细节外,基本上可以看做是平面,所以可先把该面简化做成平面,后期再添加按键、刻画屏幕和相关结构线,本次制作的重点应是背面。

制作步骤:

(1)详细分析产品图片,了解每个细节,绘制游戏机的三视图,并标注准确且全面的尺寸,每个细节都要标注尺寸,不要有遗漏,因为每一个尺寸都直接关系到最终产品模型的准确度。

（2）粗型的塑造。

根据产品三视图的尺寸，用高密度泡沫制作游戏机的内芯，如图 2-33 所示。先用泡沫制作机身，注意应比模型尺寸缩小 1～2cm，这 1～2cm 即是预留泥料的厚度。把泡沫机身表面打磨光滑后，再在其表面铺贴泥料。在泡沫内芯上铺贴泥料时，用力要均匀，先铺贴一层薄泥，再一层一层地加泥，要注意压实，使泥料与泡沫内芯附着紧实，如图 2-34 所示。

图 2-33　用泡沫制作机身　　　　　图 2-34　在泡沫制作的机身上铺泥

（3）进一步的塑造。

泥料铺贴完成后，用锯齿形刮刀在模型表面进行不同方向的刮削，使其表面平整，无凹凸。然后用平口刮刀抹平表面，修整过程中结合尺寸图，用尺规测量后画线定位，根据定位线慢慢刮削出各转折面。尽量让模型各部分的尺寸准确，从而获得基本形态，如图 2-35 所示。

图 2-35　进一步的塑造

（4）总体调整和局部加工。

整体形态完成后，待泥料稍微凝固后，再逐步做整体上的调整以及局部的加工。逐步完善产品的按键、透气孔、结构线、倒角等细节，检查轮廓线是否笔挺清晰、表面是否平整。全部调整完成后，最后把机身表面的泥巴打磨光滑，如图 2-36 所示。

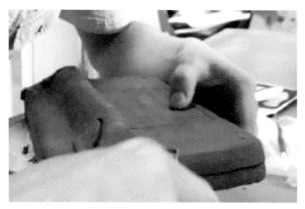

图 2-36　总体调整和局部加工

2.2.4　学生作品赏析

图 2-37　玩偶设计(学生吴慧敏制作)

图 2-38　玩偶设计(学生林琪茵制作)

图 2-39　创意机箱(学生黄力欣组制作)

图 2-40　茶壶(学生谭海春组制作)

图 2-41　创意收音机（学生许渊组制作）

图 2-42　电话（学生杨力前组制作）

图 2-43　吸尘器（学生温俊杰组制作）

图 2-44　面包机（学生余梓超组制作）

注意：

好的开始是成功的一半，在制作模型之前，绘制准确的三视图并标注完整的尺寸是做好模型的首要基础。同时，仔细分析和充分研究产品的结构和细节是非常必要的，这样才能对制作过程中可能会遇到的问题和困难做到心中有数，提早做好应对措施，尽可能避免犯不必要的错误，以免影响制作进度和质量。

本章小结

草模制作的目的是快速、及时、直观地将构思阶段转瞬即逝的设计方案以立体形象表现出来,为设计的进一步完善提供分析、推敲、比较和发展构思的实物参照依据。草模多采用易加工、易修改、易表现的材料制作,如泡沫、黏土、油泥、纸材等。在草模制作的过程中,着重在于概括地表现出产品的整体外观形态,各部分的大致比例尺度以及结构等,对模型细节处理的要求不是很高,不太拘泥于尺寸精确度、色彩、质感、表现效果等细节的表达。

复习思考题

1. 草模多采用哪些材料来加工?
2. 硬质泡沫塑料有哪些特点?
3. 黏土和油泥的区别有哪些?
4. 黏土模型有哪些特点? 适合制作什么类型的模型?
5. 黏土模型能否长期保存? 如何保存?
6. 黏土模型制作的加工步骤是怎样的?

实训课堂

1. 根据产品三视图的尺寸,利用硬质泡沫塑料制作产品的草模。
2. 选择一个产品方案,用硬质泡沫塑料做内芯后上泥,制作一个黏土模型。

第 3 章
石膏模型与模具制作

技 能 要 求

1. 了解石膏浆的调制工艺与步骤。
2. 掌握石膏雕刻成型以及单一模具的制作方法。
3. 掌握石膏模具的设计与翻制方法。

　　石膏材料价格低廉，来源方便，质地细腻。它是产品模型制作常用的材料，易于保存，能较好地表现和保留产品的形态，且有多种加工技法，具有较好的成型性能。

　　石膏粉与水调和后发生化学反应，然后凝固，在凝固之前，石膏浆具有比较好的流动性，可以利用模具浇注出各种形状的制品。凝固后的石膏硬度适中，有一定的强度，可进行雕刻以及表面装饰。

　　通常人们采用将泡沫塑料模型、泥模型等草模翻制成石膏模型的方法来长期保存，这就可以通过石膏翻制成型的方法复制出原型，而且可以多次复制。石膏模具翻制产品模型的方法成本较低，不需要使用太多的工具，占地面积小，操作简单，一直广泛运用于艺术设计、模型制作领域。在模型成型技法中，这是一种重要的、最常用的成型方式之一。

3.1　石膏的成型特性

　　天然石膏是一种天然的结晶型矿物，外观为白色或无色半透明结晶体。未经煅烧处理的是生石膏，生石膏加热至 400℃ 后形成硬石膏，又称无水石膏，不具有胶凝性，性脆，致密坚硬，多用作建筑材料和建筑石膏制品。将生石膏加热至不同温度可以脱水成熟石膏（又称半水石膏），即我们所使用的模型石膏，与水调和后具有胶凝性，凝结时间因质量不同稍有差异，大概为 5～15 分钟。

　　用熟石膏制作模型的优点为易于保存，不易变形，安全性高，可塑性好，可用于不规则及复杂形态的制作，成本低，经济实惠，加工和成型简单，可复制性好，表面光洁，成型时间短等。

　　但熟石膏具有强吸水性，极易受潮，所以石膏的储存很重要，必须保存在干燥的地方，一旦受潮，就无法使用。因此，使用过程中若包装内有多余的石膏粉则应密封保存，避免接触到水。石膏粉存放的时间也不宜过长，过久有可能因接触空气中的水汽而结块，所以应根据实际需要来购买，不宜一次购买过多。

　　石膏粉根据颜色的不同可分为红石膏粉、黄石膏粉、绿石膏粉、青石膏粉、白石膏粉、蓝石膏粉、彩色石膏粉等。常见的石膏粉为白色，但黄石膏粉比普通白石膏粉质地更细腻，细度达到 1000 目以上，具有成型强度高，成型表面光洁度优，成型前流动性好等诸多优点,广泛应用于手板模型、雕塑、工艺品、模具行业等。

在调制石膏浆之前,需要先准备好清水、橡胶手套、长柄铁勺(用于舀取石膏粉)、盛水和调浆用的容器(一般用盆或桶)、型腔材料(浇注石膏浆时需要一个型腔,可根据模型形状的需要选用塑料板、木板、硬纸板或 KT 板等材料搭建而成)、废料收集盒(用于回收多余的石膏浆)。

一般常用 KT 板搭建方形的型腔盒子,在确定好型腔盒子的长、宽、高后,就开始下料,方形型腔盒子的制作示意图如图 3-1 所示,假设红色部分为长,蓝色为宽,绿色为高,则需依照事先确定的尺寸裁切出"十字形"板材。将四周折起后,用宽透明胶黏合接缝处,即制成如图 3-1 所示的盒子了。注意黏合后一定要仔细检查是否有空隙,以防浇灌石膏浆时石膏浆会从空隙中漏出。

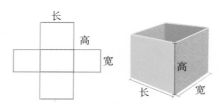

图 3-1   方形型腔盒子的制作示意图

先在容器中按一定比例放入清水,然后将适量熟石膏粉分数次均匀撒到水里,直到容器内的石膏粉比水面略高为宜。

在模型制作过程中石膏粉与水的比例起着相当重要的作用,石膏粉与水的比例决定了石膏模型的气孔率和强度,水量多则气孔率高、强度低,反之,则气孔率低而强度高。从不同产地购进的石膏粉本身存在着差异,调和过程中水温、环境温度也会影响调和的比例。一般制作模型用的石膏浆所用的石膏粉与水的比例是 1.3:1 左右。为确保石膏粉与水的比例适当,最好将水与石膏粉事先测量好,并分别置于不同的容器内,如图 3-2 所示。

让石膏粉在水中浸泡 1~2 分钟。待石膏粉吸足水分后，用搅拌器具或手向同一方向搅拌，为避免空气溢入石膏浆而形成气泡，搅拌时应缓慢均匀，如图 3-3 所示。

连续搅拌直到石膏浆中完全没有石膏结块，同时在搅拌过程中感到有一定的阻力，石膏浆有了一定的黏稠度，外观像浓稠的乳脂，此时石膏浆处于最佳浇注状态。将石膏浆倒入事先准备好的型腔内，如图 3-4 所示。

图 3-2　准备工作

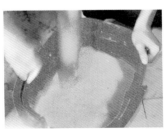
图 3-3　搅拌石膏浆

图 3-4　将石膏浆倒入型腔内

静置 15 分钟左右，石膏浆凝固，如图 3-5 所示。用刀轻轻划开型腔四角的黏合部位，即可拆除型腔得到坚硬的石膏块，如图 3-6 所示。

如果用 KT 板等轻薄的材料做型腔，当浇注的石膏浆量较大时，型腔则会被撑大变形，从而导致得到的石膏块变形，可事先做好支撑，如用平整的泡沫板来支撑，如图 3-7 所示。

图 3-5　静置 15 分钟左右

图 3-6　拆除型腔

图 3-7　型腔的支撑

注意事项：

（1）调制石膏浆时，注意顺序，切记不可往熟石膏粉上直接注水，而是先准备好水后再撒入熟石膏粉。在调制石膏浆的过程中，不能一次撒入太多的石膏粉，否则容易产生结块和部分凝固现象，难于搅拌均匀。

（2）石膏撒入后要静置片刻，等它溢出气泡。

（3）搅拌时要一直沿同一方向进行。

（4）处于浇注状态时的浆液不能太稀也不能太稠，更不能到开始固化的状态。

注意：

浇注石膏浆后，调制石膏浆的盆应在第一时间立刻清洗干净，一旦疏忽，多余的石膏浆会凝固且牢牢附着在盆壁，基本上很难清理掉。尤其需要注意的是，盆内多余的石膏浆一定不能直接倒入水池，否则石膏浆沉淀、凝固后会死死堵塞水管，无法疏通。可将石膏浆倒入事先准备好的收集盒内，或直接倾倒在大理石的地面上，待石膏浆凝固后用灰铲轻轻一铲就干净了，非常方便。

3.3　石膏模型成型技巧

石膏模型成型有雕刻成型、旋转成型、翻制成型等方法。

3.3.1　雕刻成型

按照模型外观形状制作出一个略大于模型尺寸的型腔，将调制好的石膏浆倒入型腔，待石膏浆发热凝固一段时间后可开始雕刻。在石膏块上绘制出基本轮廓线，用锯、刻刀等工具对石膏采用减法成型的方法加工。最后再对石膏模型的表面以及细节部分进行精细的雕琢，直到达到满意的效果。

加工步骤为先方后圆，先整体后局部，逐步完成。加工过程中注意尺寸的准确性，多使用量具，从各个角度和各个面去比较、审视、测量，使模型尺寸尽量精确。

在不同的阶段，石膏加工可采用湿法加工和干法加工两种方法。若配浆时水的比例稍多，凝固时间较长，这时的石膏块较软，易于刮削。此时是对湿润的石膏块进行加工，这是湿法加工。若配浆时水的比例稍少，凝固快，这时的石膏块强度、密度较高，质地较硬。此时是对干燥的石膏块进行加工，这是干法加工。

为确保尺寸的准确性，首先应确定石膏块为形正且平整的长方体，再在石膏面上用笔画出定位线等辅助线，或将三视图直接粘贴在对应的石膏面上，如图3-8所示，再进行切削，注意每个面的相互投影关系要正确，粘贴三视图的时候要注意与其他面对应，不要错位。

　　为提高打磨的效率和质量，针对产品的不同形态和特有部位，可以自制一些特定的打磨工具，如图 3-9 所示，如将砂纸粘贴在有一定厚度的泡沫板上可以打磨平面，将砂纸粘贴在圆棍上，可以打磨孔洞等。亦可以利用产品的三视图，自制与相关部位相契合的负型，以此来对特殊曲线或倒角进行加工，如图 3-10 所示。

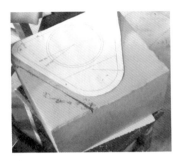

图 3-8　粘贴三视图　　　　图 3-9　自制打磨板　　　　图 3-10　自制打磨工具

3.3.2　旋转成型

　　如果产品外观形态近似圆柱、球体、回转体或是适合于旋切工艺的造型，可以在拉坯机上通过车削加工的方法成型，如图 3-11 所示。在拉坯机的转轮上，可用毛毡或围板按照模型外观形状制作一个略大于模型尺寸的模框，为使石膏坯块凝固后与转轮结合牢固稳定，可在转轮上制作具有凹凸槽的底盘，如图 3-12 所示，再在模框内浇注石膏浆，待凝固一段时间且石膏未干之前用车刀或模板对旋转中的石膏坯块进行车削加工，依靠托架逐次适量切削，如图 3-13 所示。车削完成之后再进行细部的修整与完善。

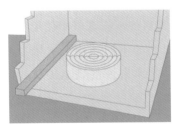

图 3-11　拉坯机　　　　图 3-12　有凹凸槽的底盘　　　　图 3-13　用车刀进行车削加工

3.3.3　翻制成型

　　翻制成型即通过对原型的复制重新生成与原型形态相同的模型。在学习翻制成型的知识之前，我们必须要了解一下模具的概念。

　　模具一般包括阳模和阴模两个部分，模具中呈凸起状态的分模为阳模，如图 3-14 所示,一般将草模原型作为阳模;模具中型腔呈凹形的分模为阴模,如图 3-15 所示,阴模合拢后,在其上打一个不影响内腔形态的孔,将坯料从孔中注入阴模内腔中,坯料凝固后可形成制件,阴模分开后,可取出制件。

采用石膏翻制成型一方面可以将不易长期保存的黏土或油泥模型翻制成石膏模型,提高模型的质量,便于长期保存;另一方面还可以利用这套模具用于 ABS 塑料模型的热压成型,这部分内容将在下一模块重点介绍。

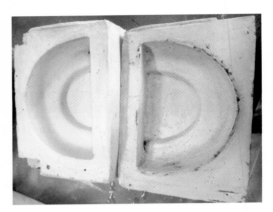

图 3-14　石膏原型(阳模)　　　　图 3-15　由原型翻制出的一组阴模

翻制成型可用于批量生产同一形态的模型。石膏不但可以直接制作出原型,也是制作模具的良好材料。在手工模型制作过程中,一般先使用黏土、油泥或石膏等易于加工的材料制作出标准原型(即阳模),然后使用石膏、树脂、硅胶等材料制作出原型的阴模,再将坯料浇注入阴模合模后形成的型腔内而得到与原型相同形态的模型。阴模与原型(即阳模)是形态上正好契合的关系。为了避免脱模时损坏阴模,需要提高阴模的强度,可将一些增强材料如纤维、水泥等材料加入石膏浆中使用。

模型的翻制通常是根据母模原型的不同结构形状依次翻制出若干块阴模。因此模块设计的合理性对于翻制的质量和效率来说都是至关重要的。模块的设计以方便取模为准,其关键是定出合理的“分模线”。要做到这一点就必须清楚分模的要领:

(1)分模块数能少则少。

(2)分模线的位置应设置在形体的最高点或者形体转折处,易于制作模块和脱模。分模线并不一定是水平直线,也可能是曲线。

(3)每划分一个模块,都要充分预想一下阳模和即将翻制出的阴模之间是怎样契合的,既能方便分模又不会“咬模”,更不能损坏原型。

(4)对于较为复杂的造型,要对模型的前后、左右、上下每个方向进行观察分析,然后用铅笔在模型上画出分模线。

根据原型设计脱模方式,石膏阴模可以分成一件模、两件模或多件模,具体选择取决于原型的结构和外观。单一模具又称死模,分块模具又称活模。本着宁少毋多且易于开模的原则制作阴模,阴模件数的多少反映了翻制工艺的繁简,通常手工模型翻制以采用二件模为多。为避免脱模困难或造成模型损坏,对于模型中的某些附加部位,可考虑采用单独加工或翻制后再粘接成型的方法。

案例分析

下面以翻制"电熨斗"黏土标准原型为例,介绍如何使用石膏材料进行模型的翻制成型。

材料及工具:水、石膏粉、容器、型腔或隔板、透明胶、脱模剂、油漆刷、铲刀、砂纸等。

制作思路:翻制一件模型主要有两部分工作,即翻制模具与浇注原型。

制作步骤:

(1)翻制模具——制作标准原型(或称为母模),它是根据产品形态,用油泥、黏土或泡沫塑料等制成的模型,然后基于标准原型翻制石膏模具,模具的作用是确保复制原型形态这一工序的准确和高效,一般常用于工业生产中的产品制造。

(2)浇注原型——利用模具浇注出原型。

因为本电熨斗原型是一个对称形体,故分模线确定在对称轴线上,即形体最高点和形体转折部位,先翻制出石膏阴模,然后浇注出石膏电熨斗模型。

① 用黏土或油泥、泡沫等易成型的材料制作出电熨斗原型,如图 3-16 所示。

② 将电熨斗原型翻转 90°放置,以电熨斗的中心对称线为准,将下半部分用泥料填实并抹平,确保泥面平整并留出少量泥边,如图 3-17 所示。

③ 沿着泥边四周用薄木板或塑料板围筑出型腔,围的高度应至少比侧卧的原型最高点高 4cm 左右,隔板与原型外轮廓边缘保持 4cm 左右空隙,预留的空隙即为了浇灌石膏浆,检查隔板是否密封完好且不会漏浆,如图 3-18 所示。

图 3-16　电熨斗泥模原型(阳模)

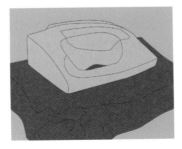
图 3-17　分模线下浮填泥料

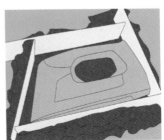
图 3-18　筑出型腔

④ 将石膏粉均匀撒入盛有适当比例水的容器中,如图 3-19 所示。

⑤ 静置片刻,再沿同一个方向均匀搅拌,如图 3-20 所示。

⑥ 待石膏浆呈乳脂状,将搅拌好的石膏浆浇注到图 3-18 所示的型腔内,浇注时应将石膏浆从模型的高点往下倾倒,使石膏浆从高处慢慢往下流,充满模型的各凹陷部分,如图 3-21 所示。

图 3-19　调制石膏浆　　　　　图 3-20　搅拌　　　　　图 3-21　浇注石膏浆

⑦ 可事先在隔板上画好线,当石膏浇注到模具壁需要的厚度(4cm 左右)时即停止浇注,如图 3-22 所示。

⑧ 大约过 15~20 分钟待石膏发热凝固后,即可拆除型腔隔板,如图 3-23 所示。

⑨ 将整个模具翻转,使石膏的一面置于工作台面上,去掉之前填充的泥料层,露出电熨斗标准原型,如图 3-24 所示。

  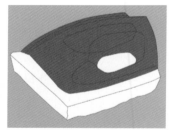

图 3-22　停止浇注　　　　　图 3-23　拆除型腔隔板　　　　　图 3-24　翻转石膏模具

⑩ 在石膏模具的外侧边缘刻上两个楔形的外槽,一般至少四指宽,后期分模时手可以放在这个槽内,利于手施力分开两阴模,如图 3-25 所示。

⑪ 将模型再次用模框围起来,用泥料固定好模框的四周以防坍塌,用油漆刷蘸上脱模剂刷涂石膏模具 2~3 遍,如图 3-26 所示。

⑫ 调石膏浆浇注入型腔内,如图 3-27 所示。

⑬ 石膏浆凝固后,对模具的表面稍做修整,将泥塑刀插入两模之间的缝隙,轻轻将两半模具撬开,如图 3-28 所示。

⑭ 先分开一边的模具,再分开另一边,得到两件模具,如图 3-29 所示。

⑮ 对分开后的模具应仔细检查,对于在翻模过程中出现的瑕疵,可用石膏浆进行修补,如图 3-30 所示。

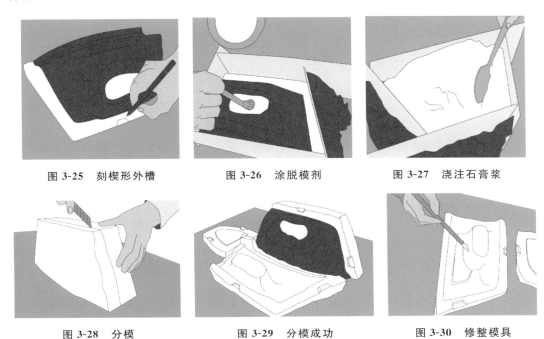

图 3-25　刻楔形外槽　　　　图 3-26　涂脱模剂　　　　图 3-27　浇注石膏浆

图 3-28　分模　　　　　　图 3-29　分模成功　　　　图 3-30　修整模具

⑯ 待修补的气孔干后,用砂纸稍稍打磨平滑,再用清水将模具冲洗干净,擦干后,在模具内壁涂抹上脱模剂,将两半模具拼合,确保内壁合模齐整无错位,用绳带等将模具捆扎牢固,并将合模处的缝隙用石膏浆、泥料或胶带从外面封住,即可进行浇注,如图 3-31 所示。

⑰ 开始调制石膏浆,在石膏浆处于较稀的状态时就将其浇注入图 3-31 所示的模具内。然后晃动模具,将多余石膏浆倒出,这样模具每一部位都能均匀地附着一层石膏浆,如图 3-32 所示。

⑱ 如果需要得到一个实心的石膏模型,可继续往模具内注满石膏浆,浇注时应使石膏浆略高于浇注口,如图 3-33 所示。

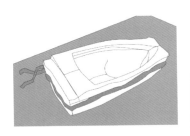

图 3-31　合模

图 3-32　浇注石膏浆

图 3-33　浇注完毕

⑲ 趁石膏尚未完全凝固时,用铲刀刮除浇注口处多余的石膏,至此石膏母模的浇注过程就全部结束,如图 3-34 至图 3-36 所示。

图 3-34　有多余石膏

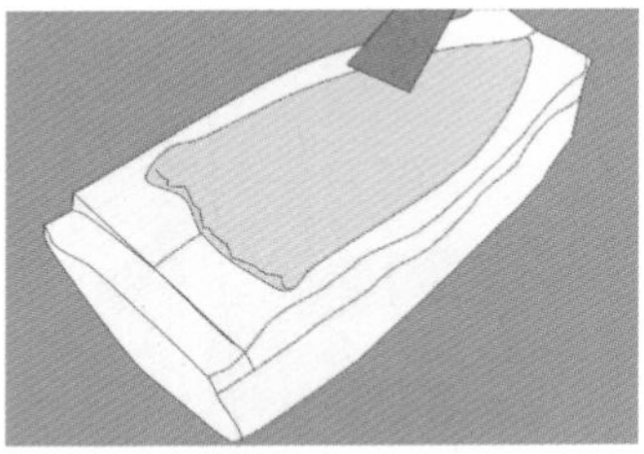

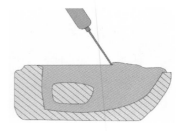

图 3-35　铲除多余石膏

图 3-36　得到新的母模

⑳ 从分模线处逐一撬开石膏阴模,如图 3-37 所示。

㉑ 取出浇注好的石膏母模,如图 3-38 所示。

㉒ 用雕塑刀对浇注好的石膏母模的瑕疵进行修整,如果在调制石膏浆和浇注石膏浆的过程中气泡排不干净,成型后的石膏母模表面就可能出现小气孔。在石膏模型完成后,表面的小气孔可用石膏浆进行修补,等修补的气孔干后,再用砂纸打磨,如图 3-39 所示。

图 3-37　撬开外模

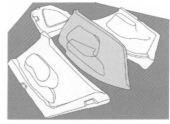

图 3-38　取出新的母模

图 3-39　对母模进行处理

㉓ 在表面修整好后的石膏母模上作进一步的细节刻画,装上其他的零件,至此就完成了这件电熨斗模型的翻制,如图 3-40 所示。

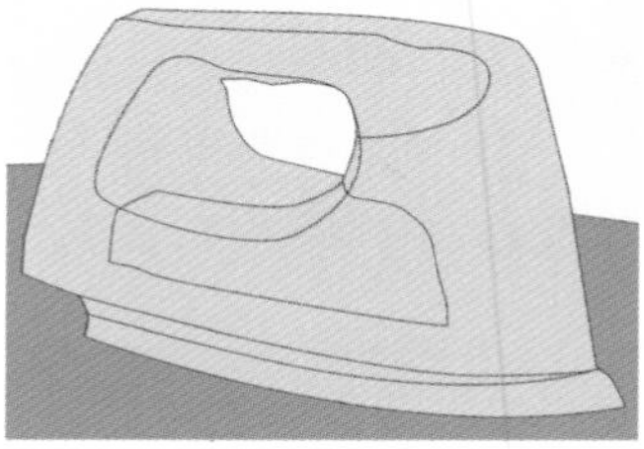

总结一下,石膏模型翻制的过程如下。

(1)制作模型的标准原型——可用黏土、油泥、石膏、硅树脂等一些便于塑造的材料来制作待翻制的标准原型。

图 3-40　石膏模型翻制成功

(2)涂刷脱模剂——石膏翻模常用的脱模剂有肥皂液、石蜡、虫胶漆、凡士林及硅树脂等。在原型表面涂刷脱模剂时,通常要均匀地涂刷两遍到三遍,并检查每一处是否都涂抹到位。

(3)制作型腔——根据原型大小用木板、泡沫板等材料制成模框,用模框将原型围在平台上，用石膏浆、泥料或胶带将缝隙封住，以免浇注时石膏浆流出。

（4）配制石膏浆——根据石膏阴模的大小配制适量的石膏浆。

（5）浇注石膏阴模——根据分模数量，按分模线分别浇注石膏阴模。

（6）脱模修型——石膏在凝固过程中要放出大量的热，待石膏阴模冷却凝固后即可分模，分模后，取出标准原型。对石膏阴模的型腔内壁破损处进行修整，待其干燥后进行定位、合模、调整。

（7）翻制石膏模型——在石膏阴模的内壁及分模面上涂刷脱模剂，再将调配好的适量石膏浆浇入阴模内腔中，待石膏浆凝固干燥后分开模具，即得到与标准原型一模一样的石膏模型。

翻制石膏模型的过程中易出现如下问题。

（1）石膏模型的表面出现沙孔。这是因为模具太干燥，吸水性太强所致，因此浇注前要将模具均匀涂刷脱模剂，即可减少沙孔。

（2）石膏模型分模线处出现裂纹或错位。这是因为模具捆扎不紧产生松动所致。

（3）模型的表面有波状纹理。这是因为石膏浆太稀，附着力差引起的。

（4）模型的局部出现残缺痕迹。这是因为模具内壁有些部分未涂上脱模剂，导致石膏浆与模具的内壁紧紧粘牢，分模时受损。

（5）石膏模型表面光泽感减弱，且不平滑。这是因为模腔内脱模剂涂得过厚所致。

（6）石膏模型的细节、转折之处等出现灌浆不到位而得不到完整形状。这是因为石膏浆过干引起的。

3.4　石膏模型的后期处理

3.4.1　石膏模型的黏结

在模型制作中，要把制作好的石膏模件黏结，可以用水、石膏粉和适量的白乳胶液调制成石膏浆来当作"黏结剂",前提是黏结件本身比较湿润,交接面要粗糙,这样黏结力才强。具体做法是将要黏合的石膏块两端的端面倒角 45°(增大接触面),除去表面灰尘和污物,把调制好的石膏浆倒入黏合面进行黏结,注意要将两个黏合面对准,做上记号,用稍重的物品压紧,或用绳子捆紧,待干透后拆除。如果交接面的面积较大,则调制较浓的石膏浆进行黏结,黏结时速度要快,否则石膏浆将失效。

3.4.2　石膏模型倒角的加工

制作石膏模型的倒角以手工加工为主,在加工时应按照模型倒角的尺寸,先用铁片或足够强度的塑料片制作该倒角的正型或负型,然后以此作为刮刀来对模型倒角进行加工,刮削时用力应均匀,逐步刮削,再用砂纸打磨光滑,这样制成的倒角较为精确。

3.4.3　石膏模型的表面处理

涂饰前须将模型表面的缺陷补好,打磨修整光滑,在石膏模型干燥后进行表面涂饰。

对表面色彩要求不严格的模型,可以用水粉颜料和广告颜料调配后进行涂饰,再涂上一层清漆。对色彩要求高的模型,可采用装饰涂料进行涂饰:先在石膏表面涂两三遍底漆,然后喷涂面漆;也可采用湿混合的办法着色,在调制石膏浆时掺入所需的颜色粉末。

3.5　实训任务一:石膏雕刻成型以及单一模具制作

3.5.1　石膏雕刻成型以及单一模具制作实训指导书

石膏雕刻成型以及单一模具制作实训指导书	
实训目的	掌握石膏的雕刻成型以及制作单一模具的方法
实训设备、工具与材料	石膏粉、水、容器、长勺、盆、桶、型腔材料(KT 板)、美工刀、宽透明胶、笔、圆规、测量工具、雕刻工具、手动转盘、调浆工具、脱模剂、刷子、工作台、手工锯、砂纸等

续表

	石膏雕刻成型以及单一模具制作实训指导书
实训要求	1. 实训前准备好产品的效果图、三视图、尺寸图,并打印出来 2. 每组做好工作计划,制定制作流程,对每一步的制作要点做到心中有数,对可能出现的问题和困难做好预估和准备 3. 调制石膏浆,不可直接往石膏粉上注水,或者一次撒太多石膏粉。应向同一方向搅拌石膏浆,搅拌应缓慢均匀
实训步骤	1. 根据准备好的完整图纸,确定模型比例和模型外廓尺寸 2. 制作型腔,调制石膏浆,并浇注,得到合适尺寸的石膏块。型腔的尺寸要根据模型的尺寸留有一定的余量,便于后期加工。石膏粉的量要测量好,石膏与水的比例要恰当 3. 雕刻加工成型,制作石膏原型。用雕刻工具对石膏采用减法成型法进行加工。先方后圆,先整体后局部,逐步完成,加工过程中注意尺寸的准确,多使用量具 4. 翻制单一模具。另外再制作一个型腔,将石膏原型放入其中,涂上脱模剂,浇注石膏浆。待石膏浆凝固后,分模,即得到模具 5. 修整模具。对模具进行清洗,对有孔洞或破损处进行修整,并用砂纸将模具打磨光滑

3.5.2 理论指导

制作模具是每一位产品设计者必须掌握的一门技术,学会制作简易的模具,就可以将模型按标准原型翻制出来。这既发挥了泥料等材料能方便地塑造出复杂造型的优势,又发挥了石膏模型可以长期保存的优势。我们可以先从较简单的单一模具入手,逐步学会较为复杂的两件模或者多件模的翻制技能。

单一模只有一个模具,不存在分模线的问题,但一般要求母模(即标准原型)是柔软的可塑性材料,以方便取出母模。用于被翻制的母模一般容易在分模时被损坏,所以往往只能复制一次。因此我们有时候直接用石膏等硬度高的材料制作母模,再翻制模具。模具与母模的石膏颜色最好能有所区别,有利于在翻制模型的时候容易将它们区分开来。

3.5.3 制作过程

案例分析

下面以翻制"游戏机"为例,介绍如何进行石膏雕刻成型以及单一模具制作(参见上一模块"游戏机泥模型制作"案例,游戏机图片如图 2-31 和图 2-32 所示)。

制作分析:首先仔细分析该游戏机的结构和形态后发现其侧面没有凹槽,除背面有曲面变化外,正面按键的凸起高度较浅,几乎可视作平面。这个形态适合制作单一模具,而且造型相对比较整体，没有太复杂的曲面造型，因此考虑直接用石膏雕刻出原型，优点是材料硬度更高，加工速度更快，制作效果更好。

另外，考虑到后期可利用该套模具使用 ABS 塑料热压成型工艺制作塑料模型，正面部分的按键等细节可暂时先省略不做（按键应凸起至少 1cm 左右热压出来效果才明显），若先雕刻出按键来再制作模具，这一细微的细节未必能被翻制出来。为确保模具的效果，提高后期制作 ABS 塑料模型的质量，可暂时将该部分做成平面，其他细节如按键、屏幕等应后期制作 ABS 塑料模型时再添加，这样可以做到事半功倍。

为了便于分模，可在图 3-41 中模型形态平整的一面添加一个厚 4cm、长、宽各大 3～4cm 的石膏平板底座，如图 3-42 所示。且在雕刻前就要提前预留好这部分的石膏料，原型与平板底座为一个整体，这样原型和将来翻制出的模具容易合模齐整，之后在合模处开一个四指宽的孔槽，手指可放入孔槽内，将来分模的时候就容易多了，如图 3-43 所示。否则，就会出现如图 3-44 所示的情况，原型会牢牢陷入模具内，且没有把手，拔模困难。

图 3-41　石膏原型

图 3-42　带平板底座的石膏原型

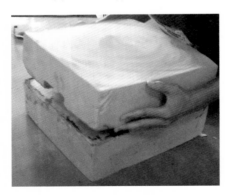

图 3-43　拔模较易

图 3-44　拔模困难

具体制作步骤如下。

（1）绘制产品三视图，标注清晰而完整的尺寸，并打印出来。可以一次多打印几份，因为后期会多次使用到该三视图，如图 3-45 所示。

　　（2）依照产品尺寸,用 KT 板制作浇注石膏浆所使用的型腔。为留加工余量,型腔的长、宽、高在原产品的尺寸上各加 2cm 左右。石膏差不多凝固了的时候,拆开型腔,如图 3-46 所示。

　　（3）在石膏完全固化前,对石膏块进行粗加工,尤其是不平整的地方,快速用铲刀削平,否则石膏完全固化后再铲削就比较吃力了,如图 3-47 所示。

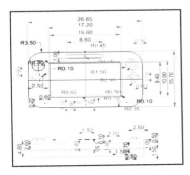

图 3-45　产品尺寸图　　　　图 3-46　石膏块　　　　图 3-47　快速进行石膏粗加工

　　（4）反复用测量工具测量,并不断修整,直到每个面都平整且相互垂直,确保石膏块是一个标准的长方体,如图 3-48 所示。

　　（5）先切削出平板底座。依照三视图的尺寸,用测量工具测量后,遵照先方后圆,先整体后局部的原则,在规整好的石膏坯料的每个面上画出定位线,注意遵照正确的投影关系,每个面的线相互对应,如图 3-49 所示。

　　（6）沿着定位线,用手工锯等工具切削掉多余的石膏料。先从一边开始切削,如图 3-50 所示。

图 3-48　反复测量　　　　图 3-49　画出定位线　　　　图 3-50　开始切削多余的石膏料

　　（7）再切削另一边,如图 3-51 所示。

　　（8）一边切削并打磨平整,一边添加新的定位线,逐步细化,如图 3-52 所示。

　　（9）直至平板底座切削完毕,如图 3-53 所示。

图 3-51　继续切削

图 3-52　逐步细化

图 3-53　平板底座切削完毕

（10）开始正式在平板底座上方的石膏料上雕刻游戏机石膏原型，先切削一部分，如图 3-54 所示。

（11）继续切削，慢慢刮削出各转折面，对倒角部分进行打磨，游戏机的雏形就雕刻出来了，如图 3-55 和图 3-56 所示。

图 3-54　切削出石膏原型

图 3-55　继续切削

图 3-56　原型的雏形

（12）进一步加工，用刮刀修整表面，修整中结合尺寸图，不断完善，如图 3-57 所示。

（13）整体形态确定后，逐步做整体上的调整以及局部的细节加工，如图 3-58 所示。

（14）用砂纸打磨光滑，或者在水池边用砂纸水磨，使表面更光滑细腻。游戏机石膏原型制作完成，如图 3-59 所示。

图 3-57　修整表面

图 3-58　局部完善

图 3-59　石膏原型制作完成

（15）用 KT 板制作另一个型腔，型腔的长、宽与石膏原型的平板底座的长、宽相同，型腔的高度高于原型最高点 4cm 左右(即模具的壁厚)。

(16)将带平板底座的石膏原型放入型腔内,平板底座居下,石膏原型朝上,如图 3-60 所示。用刷子将脱模剂均匀地涂抹在石膏上,确保每个外露的石膏面都涂抹上了,反复涂抹几次,不宜太薄也不宜太厚。

(17)调制石膏浆,计算好石膏与水的比例,石膏浆的量应一次性调配够,量宜多不宜少,以免浇注时不够,如图 3-61 所示。

(18)将乳脂状态的石膏浆浇注到放有石膏原型的型腔内,注意倾倒速度,不宜过快也不宜过慢,过快则容易起气泡,过慢石膏浆可能会凝固。对型腔四壁做好支撑,以免变形。静置 15～20 分钟,待石膏凝固,并及时得当地处理多余的石膏浆,如图 3-62 所示。

图 3-60　原型放入型腔内

图 3-61　调制石膏浆

图 3-62　浇注石膏浆

(19)石膏浆凝固后,拆除 KT 板制作的型腔,露出石膏模具,如图 3-63 所示。

(20)分模。这个阶段一定要耐心细致,将铲刀轻轻插入分模线的位置,让其渐渐松动,直至脱模。不可操之过急,用力应轻缓,避免损坏模具,如图 3-64 所示。

(21)分模成功,得到石膏阴模,如图 3-65 所示。

图 3-63　拆除型腔材料

图 3-64　分模

图 3-65　分模成功

(22)对阴模有气孔或瑕疵处进行处理后用砂纸打磨光滑,可以水磨,如图 3-66 所示。

(23)阴模处理完毕。"游戏机"石膏雕刻成型及单一模具制作完成,如图 3-67 所示。

利用这套模具,即可进行下一阶段的 ABS 塑料热压成型,来压制出一套塑料模型了(详见下一模块的具体内容)。

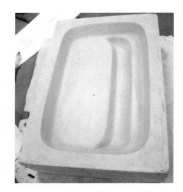

图 3-66　打磨阴模　　　　　图 3-67　阴模处理完毕

点评:石膏雕刻成型后喷漆,形态塑造准确,结构线刻画清晰而有力。

3.5.4　作品赏析

图 3-68　车(学生李金龙等制作)

图 3-69　茶具(学生谭薇、周玉录等制作)

点评:石膏雕刻成型后喷漆,雕刻细致,细节到位,表面光洁。

图 3-70　茶具（石膏雕刻成型后喷漆，
　　　　　学生谭海春等制作）

图 3-71　相机（石膏雕刻成型，
　　　　　学生邹梦仪等制作）

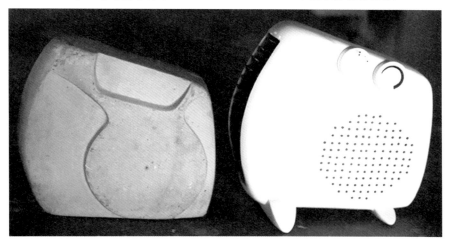

图 3-72　空气净化器（学生张仕雄、何正源、赖锐金、许婉娜制作）

点评：左幅为石膏雕刻的母模，雕工精湛，尺寸准确，线条分明、有力，表面处理完善。

图 3-73　烧烤炉（局部）（学生朱文静、周瑶、陈绍、罗志毅制作）

点评：石膏雕刻成型，单一模具制作，加工细致，一丝不苟，细节处理到位。

图 3-74　音响(局部)(学生袁瑞华、郑华俊、陈姬达、张嘉敏制作)

点评:石膏雕刻成型,单一模具制作,利用该套模具,后期可直接用 ABS 塑料热压成型。

3.6　实训任务二:石膏模具的设计与翻制

3.6.1　石膏模具的设计与翻制实训指导书

石膏模具的设计与翻制实训指导书

实训目的	掌握石膏模具的设计与翻制
实训设备、工具 与材料	石膏粉、水、容器、长勺、盆、桶、型腔材料(KT 板)、宽透明胶、美工刀、测量工具、调浆工具、脱模剂、刷子、工作台、砂纸等
实训要求	1. 仔细分析模型的形态,定出准确的分模线 2. 石膏浆的量应一次性调配好,宁多毋少 3. 为了便于拔模,脱模剂一定要涂够,可在分模处开孔槽。分模时,应细致耐心,避免损坏模具
实训步骤	1. 修整原型,清理原型表面,检查和填补可能出现的裂缝、间隙 2. 翻制石膏阴模 3. 浇注出石膏阳模实体 4. 石膏模型的外形修补、表面处理

3.6.2　制作过程

用石膏翻制模型是保留模型形态的有效手段,也是对产品结构的设计进行思考和对产品模具的制造工艺进行了解的过程。一旦标准原型塑造完成,定好分模线之后,即可进行模具的翻制工作。

在本实训环节,着重训练分块模(即活模)的翻制工序,翻制成既可拆散,又能组装的石膏模具,用分块模能够重复多次地翻制对象。

案例分析

下面以一款"空气净化器"为例,介绍如何进行石膏模具的设计与翻制。

制作分析:首先仔细分析该空气净化器的结构和形态,该形体比较整体,前后都有曲面变化,如图 3-75 所示,所以不适合制作单一模,而适合制作两件模,前后分模完成。该产品形态前大后小,前宽后窄,侧面平整没有凹槽,蓝色线框内圈住的范围为分模面,如图 3-76 所示。因为此面是一个平面且为形体最宽处,即把这个面上任何一条垂直线作为分模线均可,那究竟定在哪里最合理呢?观察后发现,白色部分为前面板,黑色部分为后壳,黑白交界处正好为产品接缝线,考虑到后期可利用该套模具热压出 ABS 塑料模型,为了便于喷漆上色,就将此接缝线定为分模线,图 3-76 中红色线条标示的即为分模线。为保证脱模顺利,确保石膏模具和 ABS 塑料模型的质量,其他细节如底座、指示灯等部分在制作 ABS 塑料模型时再添加,本阶段只用石膏制作主体部分。

图 3-75　此款空气净化器的多角度图片

下面开始制作该"空气净化器"的主体部分,具体制作步骤如下。

(1) 可以用高密度泡沫、泥或石膏等容易塑形的材料来制作标准原型,由于翻制的过程中要多次拔模,为避免出现原型受损的情况,防止前功尽弃,考虑到不易受损、不易变形等综合因素,最终选择石膏模型作为翻制的原型,如图 3-77 所示。借助尺规,用铅笔在石膏原型上画出准确的分模线,石膏原型各个面的分模线最终连接成完整的一圈。

(2) 用 KT 板制作型腔,型腔的尺寸要测量好。将石膏原型放在底部正中间的位置,石膏的四周与 KT 板之间留下至少 4cm 的间距，这个间距即是预留模具水平方向的壁厚，型腔的顶部离石膏原型最高点至少 8cm，这个高度差即是预留 2 个阴模垂直方向的壁厚，因为我们一共要浇注出 2 个阴模。为了便于观察，型腔的三面用宽透明胶黏合好，留一个方向暂时不黏合。往盒子里先填充一些石膏废料粉，如图 3-78 所示。

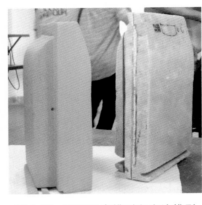

图 3-76　分模线　　　图 3-77　产品石膏模型和泡沫模型　　　图 3-78　填充石膏废料粉

（3）将柔软的泥料填充进来，覆盖在石膏粉上，如图 3-79 所示。一边添加一边留意石膏原型上的分模线，泥料不要超过分模线，压实石膏粉与泥料，最后抹平泥料，如图 3-80 所示。

（4）最后在抹平的泥料上覆盖一层镂空的 KT 板，这个阶段要细致耐心地反复调整和修整，确保最终 KT 板的上表面与分模线精准齐平，如图 3-81 所示。这样做的目的是用泥料等材料将原型分模线的下半部分保护起来，使石膏浆浇注不到。第一层用石膏粉，第二层用泥，第三层用 KT 板，如此煞费苦心地铺了 3 层，是为了既保证填充物具备一定强度，弥补泥料承受力弱、易坍塌的缺陷，又能保证分模面平整并精确对齐分模线。

图 3-79　填充泥料　　　图 3-80　继续填充并抹平　　　图 3-81　最后加一层 KT 板

（5）将 KT 板制作的型腔封口，如图 3-82 所示。

（6）在石膏原型上均匀地涂上脱模剂，石膏外露的所有地方都要均匀抹上，反复涂抹几次，如图 3-83 所示。

（7）用笔在高出石膏顶面4cm处的KT板内壁上画一条定位线，往型腔内缓缓浇注石膏浆，当石膏浆到达这个定位线时，立刻停止浇注，如图3-84所示。

图3-82　型腔封口

图3-83　涂脱模剂

图3-84　浇注石膏浆

（8）等待石膏浆凝固，如图3-85所示。

（9）用小刀轻轻将型腔四角划开，勿损坏型腔，将其保留待用，如图3-86所示。

（10）清理模具，拆除之前填充的泥料、KT板等，如图3-87所示。

图3-85　等待石膏浆凝固

图3-86　拆除型腔

图3-87　清理模具

（11）将模具翻转180°，原型朝上，开始拔模，注意均匀用力，小心翼翼地分模，如图3-88所示。

（12）分模成功，如图3-89所示。

（13）翻制出第一个阴模，如图3-90所示。

图3-88　翻转过来进行分模

图3-89　分模成功

图3-90　得到第一个阴模

（14）将刚刚拆除的型腔封好四角，把石膏原型放回阴模内，并将它们再次置于型腔内，如图 3-91 所示。

（15）将原型和阴模露出的部分都均匀涂抹上脱模剂，略微涂厚一点。之后，浇注石膏浆，待其凝固，如图 3-92 所示。

（16）石膏浆凝固后分模，得到另一半即第二个阴模，如图 3-93 所示。

图 3-91　将模具置于型腔内　　　图 3-92　浇注石膏浆　　　图 3-93　得到第二个阴模

（17）将两个阴模内壁均涂抹上脱模剂，略涂抹厚一点，因为下一阶段的分模难度会增加，如图 3-94 所示。

（18）在阴模底部平整的一面用小刀开一个直达内腔的孔洞，即浇注口。在侧面分模线处亦可以开两个浅槽作扣手，注意深度不能太深，不能破坏内腔，这个浅槽是为了后期分模时将手放入其中便于施力。将两个阴模合模，要确保合模齐整，用宽透明胶或绳索捆绑紧，如图 3-95 所示。为防止石膏浆漏出，可用泥料在模具外侧封堵合模处的缝隙。

（19）调制石膏浆，这次调制的时间要略短一些，石膏浆要调制得稀一些，不宜太浓稠，这样石膏浆才能顺利流到模具内的每个角落，如图 3-96 所示。

图 3-94　为两个阴模涂脱模剂　　　图 3-95　将两个阴模合模并绑紧　　　图 3-96　浇注石膏浆

（20）浇注石膏浆略高于浇注口时即停止，待石膏浆凝固，如图 3-97 所示。

（21）石膏凝固后，开始分模。分模成功，如图 3-98 所示。

（22）取出翻制出的新石膏模型，并进行表面处理，在水池旁用砂纸打磨光滑，完成后的模型如图 3-99 所示。

图 3-97　待凝固

图 3-98　分模成功

图 3-99　新的石膏模型

3.6.3　作品赏析

图 3-100　吹风机(学生徐灼荣等制作)

点评:石膏雕刻成型以及两件阴模的翻制,形态简单较整,对称轴即分模线,翻制较为顺利。

图 3-101　加湿器(学生冯承杰、赵惠红、何心画、肖落、陈辉制作)

点评:石膏雕刻成型以及两件阴模的翻制,形体刻画有力,为了防止拔模损伤模型,旋钮等细节后期再添加。

图 3-102　加湿器（学生冯承杰、肖落、陈辉等制作）

点评:石膏雕刻成型以及两件阴模的翻制,分模线即形体的对称轴,为了保持造型的整体性和便于分模,旋钮等细节后期再添加。

图 3-103　电饼铛（学生叶宝豪、谭薇、陈晓玲、徐彩珍等制作）

点评:石膏雕刻成型以及两件阴模的翻制,为了避免稍细的产品把手部分在拔模阶段损坏,此部分以及指示灯、结构线等细节后期再制作。

本章小结

学习完本章内容,读者应着重了解石膏的成型特性;掌握石膏浆的调制工艺与步骤以及石膏模型成型技巧;学会在模型制作过程中使用雕刻成型、旋转成型、翻制成型等方法制作产品模型;熟知制作过程中应注意的事项,避免出现一些常见问题,确保尺寸的准确性,并懂得分模的要领。

复习思考题

1. 石膏材料的主要化学成分是什么? 生石膏、熟石膏、硬石膏有何异同?
2. 石膏凝固的时间一般是多长?
3. 用石膏制作模型的优点有哪些?
4. 石膏浆如何调制?
5. 石膏模型的主要成型方法有哪些?
6. 雕刻成型的加工步骤是怎样的?
7. 翻制原型如何选择分模线的位置?
8. 将泥模型翻制成石膏模型的一般步骤有哪些?
9. 如何对石膏模型进行表面处理?

实训课堂

1. 根据本章调制石膏浆的方法和步骤调制石膏浆,观察不同比例的石膏粉与水调制出的石膏块的凝固时间、硬度的区别。
2. 利用石膏的雕刻成型方法雕刻出一个产品,并进行表面处理和喷涂。
3. 采用本章所讲的石膏模具的设计与翻制的内容,复制出一个原型。

第 4 章
手工 ABS 仿真模型制作

技 能 要 求

1. 能说明塑料材料的特性。
2. 可根据产品造型特点选择适当的加工工艺。
3. 掌握模具知识及制造过程。
4. 能够掌握裁切、拼接、热压、打磨、喷漆等技能。

学习指导

手工制作 ABS 塑料模型在高校工业设计、产品创意设计类专业一直作为模型制作课程的重点内容,一方面可以培养学生的动手能力;另一方面可以借由制作过程中的加工程序和方式方法,教授产品制造的材料与工艺的相关内容,其重要性不言而喻。

塑料模型是工业产品模型中的一类主要模型,适合于对表面效果要求较高的产品模型制作,其成品重量轻,可进行较为细致的刻画,表面处理效果好,可长时间保存,但材料成本相对较高,精细加工难度大。其常用于制作小型精细的产品模型,一般采用 1∶1 制作,如小家电、电子类产品、日常用品等;对于体积较大的产品,可适当按照缩小比例制作,如冰箱、洗衣机、工程设备等;用于各种表现性、展示模型,来向客户表达设计方案,或展示产品研发成果。塑料模型有透明和不透明两大类,分别以 ABS 树脂和有机玻璃为代表,手工塑料模型一般使用板材,可用热压法或黏结法成型。

ABS 模型和有机玻璃制作的塑料模型,广泛地应用于现代产品模型制作中,体现了塑料模型制作技艺在模型制作中的重要地位。它在感观上能表达接近产品真实性的效果,且 ABS 工程塑料就是现代工业产品的常用材料,用该材料的产品模型从外观效果看来与真实产品没有区别,一旦装入机芯,便和真正的产品无异。表现性模型对产品的装饰要求很高,需要充分地展现形、色、质感、肌理。因此很多家用电器(如微波炉,面包机、手机,录音机等)的工作模型、展示模型都采用塑料材料来制作。塑料模型表面效果好、强度高、视觉表现性好、保存时间长。加工成型需要一定的工具和设备,特别是曲面成型过程比较复杂,材料成本及对制作人员的技术水平要求也高。

4.1 ABS 塑料仿真模型制作实训指导书

ABS 塑料仿真模型制作实训指导书

实训目的	掌握利用 ABS 塑料制作仿真模型的方法和步骤
实训设备、工具与材料	1. 线锯机、钢锯、记号笔、烤箱、美工刀、锉刀、原子灰、砂纸、砂轮机、台钻等 2. 石膏、有机玻璃、ABS 板等

续表

ABS塑料仿真模型制作实训指导书	
实训要求	1. 实训前要求完成产品造型设计并绘制三视图 2. 制作完整的塑料模型
实训步骤	1. 根据产品造型特点确定模型比例:一般采用1:1的比例 2. 分析产品造型,对产品形态进行分解,确定工艺流程(拼接成型或热压成型) 3. 按照流程需要,用石膏、黏土等制作凸模和凹模模具 4. 下料:根据分解的产品形态块体,分别下料 5. 对于方体形态,切割好板材后,用粗砂纸打磨,黏结完成;曲面形态利用热压法,利用模具热压成型;按键、旋钮等另外制作 6. 组装粘接:经过修边、打磨,将块体黏结 7. 原子灰修补,打磨 8. 表面处理:按照效果图的色彩要求进行上色和装饰

小贴士

因手工制作条件有限,教学练习的仿真模型允许与设计或原型存在差异,如表面肌理和丝印的文字、图案、符号效果、喷涂颜色、材料使用等,与练习制作关系不大的,可适当放松,不做严格要求。

4.2 理论指导

1. ABS 材料特性

ABS 是丙烯腈、丁二烯和苯乙烯的三元共聚物,A 代表丙烯腈;B 代表丁二烯;S 代表苯乙烯。其化学名称为丙烯腈—丁二烯—苯乙烯塑料,英文名称为 Acrylonitrile Butadiene Styrene plastic。由于综合了 3 种化学单体的优良特性,提供了不同的使用特性,ABS 是一种韧性、刚性和硬性兼具的材料,俗称"工程塑料",是世界上应用最为广泛、产量最大的聚合物。

如图 4-1 所示,ABS 原料外观为不透明、呈象牙色或瓷白色粒料,无毒无味,其制品可着色成五颜六色,具有高光泽度,并根据工业生产需求有不同规格的原料颗粒、管材、棒材、板材、块材等供应;具有良好的机械性能,耐磨,尺寸稳定,适合机械切削加工(车、铣、钻、刨、锉、锯、磨)及黏结加工(溶于丙酮和氯仿,可用有机溶剂进行腐蚀性黏合),化学性能稳定。但不耐高温,融化温度为 $245℃\sim280℃$,高于 $270℃$ 时发生分解,易燃烧但燃烧缓慢,高温时易软化、发泡,烧焦时会发出特殊的肉桂气味。

图 4-1　ABS 原料

　　ABS 制品在生活中比较常见,适于制作一般机械零件,如汽车仪表板,电冰箱、洗衣机、搅拌机等家电产品,电话、手机、对讲机等通信产品,电脑、计算器等办公用品等,如图 4-2 至图 4-4 所示。在工业生产中,因其属于热熔性树脂,适合注塑、吸塑成型。其良好的着色和表面涂装性能使制品具有丰富的色彩和肌理,并可通过丝网印刷、喷涂和电镀等方式进行表面处理,达到预设效果。

图 4-2　ABS 制品——办公用品

图 4-3   ABS 制品——家居用品

图 4-4   ABS 制品——环保空调外壳(珠海纯生电器)

手工 ABS 塑料模型一般使用板材,主要适合裁切、粘贴和热压成型的方法加工,如图 4-5 所示。ABS 板尺寸有各种规格,常见的有 1m×2m,厚度从 0.5mm 到 200mm 不等,可根据情况选用,工业生产需大批量使用时也可根据要求定制,通常按照重量计算价格。

2. 有机玻璃材料特性

有机玻璃英文缩写为 PMMA,化学名为聚甲基丙烯酸甲酯。有机玻璃近年来得到

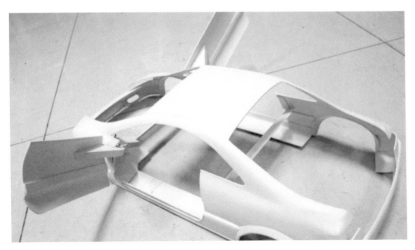

图 4-5　ABS 板材热压成型车模型制作(爆米花论坛)

广泛的应用,尤其是亚克力吸塑字和吸塑灯箱已成为当下商店的流行形象代表元素,还被用在商品展具、店面标识等方面,在仪器、光学、生活用品领域也常见其身影,如图 4-6所示。

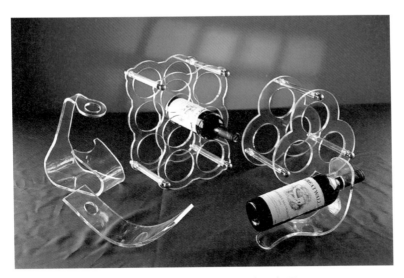

图 4-6　有机玻璃展示架(非常风气网)

作为模型材料,有别于 ABS 不透明的特性,有机玻璃光洁透明,透光率达到 92%。有机玻璃色彩丰富,同样具有良好的热塑性和机械加工性能,可用手工锯、台钻、锉刀等工具加工,并能够用粘贴、热弯、吸塑、浇注等方式加工,如图 4-7 所示。但有机玻璃有容易脆裂,表面易擦伤出现划痕,不耐热,容易热变形等缺点。

图 4-7　粘贴法制作的有机玻璃方盒（学生习作）

4.3　制作工艺及过程

　　手工制作的 ABS 精模一般不制作内部结构，多为外观展示模型。分析产品设计方案的造型特点，造型方正、多为直角面的可采用拼接法制作，曲面造型的则需要进行热压，因产品结构和零部件各部分形态不一，多需要两种方法结合制作。加工前可把复杂形态拆分成简单的几个部分分别加工，避免材料浪费，并合理安排加工步骤，以减少工时，如图 4-8 所示。

图 4-8　ABS 材料分形态制作的曲直结合造型的产品模型（学生习作）

制作 ABS 塑料模型一般分为以下几个步骤。

1. 制作模具

制作模具是为了将板材(主要是 ABS)手工模压拉伸成各种曲面形状。如图 4-9 所示,热压模具一般由凸模和凹模组成(也叫阳模和阴模)并配套使用。模具选材需要满足 3 个原则,即满足耐磨性、强韧性、抗腐蚀性等工作需求;满足工艺要求;满足经济适用性和后期保养。在教学中,因价格低廉、易加工、可翻制、易保存等特点,一般使用石膏作为模具制作的材料。

图 4-9　石膏模具(右:凸模;左:凹模)(学生习作)

(1) 凸模。

凸模是模具中用于成型制品内表面的零件,凸模的形状需要制作准确并打磨光滑,其尺寸和形状相当于拉伸所得的模型内腔,制作时应考虑热压成型的板材厚度及其在拉伸时的变化特点,从而得到正确尺寸的模型外观。

因手工操作存在的误差较大,不易控制,配件部分(如按键、旋钮或较细的把手等)成型效果不好把握,并且纤细的形态在制作模具和压模时容易断裂,因此一般不在制作石膏凸模时一体成型,而需另外制作。如图 4-10 所示,上小下大、没有更多细节的简单曲面可以使用压模板利用凸模直接压制成型。

(2) 凹模。

凹模用以形成零件外部结构,可以叫做型腔。习惯上,将与凸模配套的那个组件约定俗成地称为凹模,如图 4-10 所示的压模板和图 4-11 所示的石膏凹模均属于凹模。

图 4-10　石膏凸模、压模板及压制所得 ABS 塑料模型（学生习作）

图 4-11　左：石膏凹模；右：石膏凸模（学生习作）

（3）石膏模具制作过程。

对于曲面较为丰富的模型，根据所选用板材的厚度，一般先制作减去材料厚度的石膏凸模（即凸模尺寸略小于模型尺寸），确定分模线（也叫分型面），以分模线为界，将一边用硬度适中的泥先填埋起来，盖上一层 KT 板，特别注意高度不能低于或超过分模线，在凸模上抹脱模剂（可用医用凡士林或洗洁精等），倒入石膏浆，翻制石膏凹模。用同样的方法制作另一半，如图 4-12 至图 4-15 所示。

图 4-12　雕刻、打磨成型的
石膏凸模（学生习作）

图 4-13　以分模线为界，将凸模
下部分填埋，表面刷脱模剂

图 4-14　倒入石膏浆

图 4-15　石膏凝固后拔模，得到凹模

　　分模线不一定是产品形态的中线。一般在制作石膏阴模时要注意分模线的确定，分模线的位置应设置在形体的最高点或者形体转折部位，便于脱模。由于模型的结构与形态各异，分模线不一定为直线，如图 4-16 和图 4-17 所示。

2. 修模

　　翻制的凹模与凸模之间基本没有缝隙，紧密结合。因板材加热后需通过凹凸模合模压制成型，为了能够压入板材，凸模与凹模之间需要留有一定缝隙，一般对凹模进行修整，均匀地打磨掉一层，使凹、凸模之间的间隙与所用板材的厚度相当，如图 4-18 所示。

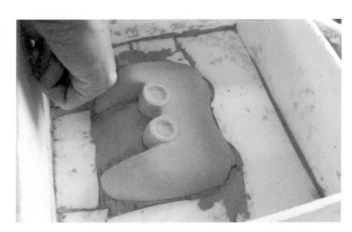

图 4-16　游戏手柄的分模线在一个曲面上（学生习作）

图 4-17　游戏手柄的分模线在一个曲面上，并且不是形体的中线（学生习作）

图 4-18　修模：凹、凸模之间均匀地留有相当于材料厚度的间隙（学生习作）

3. 压模及修整

（1）下料。

压模前需要准备好 ABS 板料及各种画线、切割工具。选择合适厚度的 ABS 板材,根据模腔深度和长宽度计算尺寸,计算公式为:板材长/宽＝凹模长/宽＋模腔深度＋余量,一般每边需留有 5cm 左右的余量,然后切割下料。

一般厚度在 2mm 左右的板材,可用勾刀沿钢尺在板上划出痕迹,板材越厚,痕迹越深,然后将板材折翻断裂;对于较厚的板材应用手工锯、电锯或线锯机沿线锯开。在切割板材时注意避免划伤表面。

（2）热压成型。

利用模具热压成型可使板材从平面变成立体形态的模型坯,这是制作过程最为关键的步骤。

将修整好的模具放置在容易操作的位置,一般凹模在下,凸模在上进行压模。准备好隔热手套,并需要 2～3 人协助。根据 ABS 塑料的特性,烤箱一般需先预热到 180℃～200℃,放入切割好的板材,注意观察,待加热一分钟到两分钟至材料软化后,迅速取出置于凹模上,将凸模压入模腔,ABS 塑料冷却后即可成形,如图 4-19 和图 4-20 所示。

图 4-19 烤箱

图 4-20 压制成型

压模时,位于模腔外的板料是自由的,这种自由使板料边缘在拉伸成型时会产生褶皱和材料的折叠,形成类似"荷叶边"的形状,如图 4-21 所示,而且这种形状会或多或少延伸到被拉伸形状的根部,即模坯的边缘,需要切除后再修补打磨,如图 4-22 所示。

图 4-21　用线锯机锯除"荷叶边"　　　　图 4-22　打磨边缘

小贴士

　　对于形态简单变化的小曲面,如折角、小弧面等,视情况可不用翻制模具,板料切割好后,用热风枪吹热变软,直接在凸模上按压即可成型,如图 4-23 和图 4-24 所示。

图 4-23　ABS 板置于凸模上,　　　　图 4-24　顶面弧度及两端弯角
　　　由热风枪加热按压成型　　　　　　　由热风枪加热按压成型

　　4. 零部件制作

　　按键、旋钮等零部件各自单独制作完成后再与模型主体黏合在一起,颜色与主体一致的,黏合后喷漆;不一致的先喷漆再黏合。

　　根据零部件的形态特点,通常通过裁板、黏合、打磨、钻孔等方式制作。按键、旋钮等形态较厚重的,一般将适当尺寸大小的 ABS 板通过黏合,叠加到稍大于构件厚度,再经细致打磨制作；需要打孔的，选用适当直径的钻头通过台钻直接加工；格栅类通常采用等间距的 ABS 条实现效果。

部分零部件可用相似形态结构的实物来代替，如旋钮用瓶盖代替，音箱网罩用蚊帐布喷漆后代替等，也可用真实的电源插头、USB 接口，可以提高模型的逼真效果。

不同功能、形态的部件的加工方式，不同工具的使用方法如图 4-25 至图 4-31 所示。

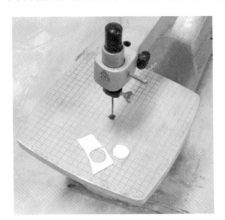

图 4-25　用叠加的方式制作按键或旋钮

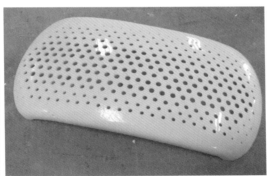

图 4-26　用台钻加工孔

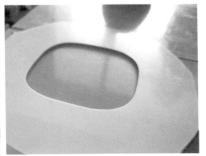

图 4-27　较大孔的制作：先用台钻沿孔的轮廓钻一圈孔，然后用砂纸或锉刀等将内径打磨光滑

图 4-28　格栅的制作

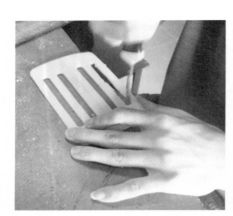

图 4-29　使用各类锉刀加工孔、槽

图 4-30　使用吊磨机的各类钻头加工线痕、拓孔等

5. 拼接各部件，黏结成形

　　ABS 和有机玻璃的粘贴，一般使用它们的溶剂氯仿（三氯甲烷）作为黏合剂，如图 4-32 所示，通过腐蚀材料达到融合黏结的目的，效果较好。由于氯仿可以作为制作化

图 4-31　使用不同粗细的砂纸打磨

学毒品的辅料,属于限购产品,购买时需要审批,因此需要提前购置。目前市场上较为专业的 ABS 黏合剂称为有机胶水,也可以起到很好的黏合作用。常见的还有用 502 胶水、环氧树脂等作为黏合剂,效果次之,尤其是边界与边界相黏合的,不够牢固,用力打磨或时间久了容易开裂。

　　因氯仿略有毒性,易挥发,所以在使用时一般用医用针管吸取,再挤出到待黏合部分,如图 4-32 所示。皮肤接触后需及时用水冲洗,可戴口罩防护。

图 4-32　用有机胶水黏合 ABS 塑料

　　构件的边和边相对或垂直黏结时,因接触面积小,不容易粘牢靠,所以通常在粘结前用 ABS 塑料在内壁做些支撑,增大粘结部分的接触面积,如图 4-33 所示,内壁通过 L 形 ABS 条加固。

　　为了达到较好效果,一般在外壳上挖孔预留按键的位置,喷漆后再粘贴按键,因此一般在外壳里层制作一块"衬板",按键直接粘贴在衬板上,如图 4-34 所示。

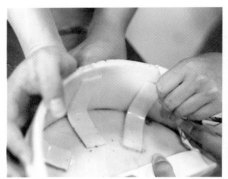

图 4-33   粘贴时的内部支撑

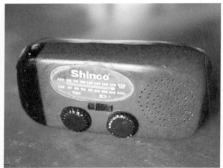

图 4-34   按键"衬板"与喷漆后粘贴的效果

6. 原子灰填补缺陷,打磨光滑

因利用模具热压成型的塑料构件会产生"荷叶边"现象,锯除之后边缘仍会存在褶皱或不齐之处,在黏合两件或多件塑料件之后,总不能严丝合缝,存在缺陷,需要填补平整,而常用的填补材料就是原子灰。原子灰是一种方便的、快干的腻子,与固化剂按 50:1 的比例调和均匀后使用,20 分钟左右可基本固化,固化后坚硬细腻,用砂纸可打磨光滑。使用原子灰填补模型缺陷的过程与方法如图 4-35 至图 4-38 所示。

图 4-35   按比例调和原子灰与固化剂   图 4-36   将调和好的原子灰涂抹在缺陷处

图 4-37　打磨固化后的原子灰　　　　图 4-38　原子灰打磨光滑后的效果

　　固化剂比例较多时虽然可以加速原子灰固化,但会使原子灰的附着力降低,并影响原子灰的细腻程度,因此不适合浅坑、浅痕的修补。喷漆后,在被填补边缘也会显现出一条明显的分界线。另外,因为原子灰不溶于氯仿或丙酮,因此不要在需要黏合的表面上涂抹原子灰。

7. 表面处理

　　模型表面处理光滑后,最终需要进行涂装修饰。手工模型制作的表面涂装一般使用罐装喷漆,方便快捷,缺点是色彩不够丰富,颜色无法调配。

　　喷涂前需要将模型表面擦拭干净,不能沾染灰尘、杂质和油迹,并保持干燥。对不喷漆的部位进行遮挡保护,不能用手拿模型,可把模型放置在转台上转动喷漆。

　　单一色彩的模型喷涂起来比较容易,一面喷漆干透后再翻转喷涂另一面即可,如图 4-39所示。

图 4-39　单色模型喷漆

产品有两种以上配色的,需要先对不喷漆的部分进行遮挡,一般使用黏性不是很强的美纹胶配合报纸等贴住颜色分界的边缘,一种颜色干透后,将喷好的部分遮挡后再喷另一种颜色,如图 4-40 至图 4-43 所示。

图 4-40　特别的配件喷漆后再与主体黏结

图 4-41　用美纹胶和报纸等遮挡不喷漆的部分

图 4-42　已喷过的部分干透后遮挡保护

图 4-43　两种颜色的模型喷漆效果

4.4　ABS 塑料模型制作案例

4.4.1　电暖气塑料模型制作

1. 造型分析

如图 4-44 所示,从模型制作的角度看,因该产品两侧面具有较为复杂的造型变化,从形态上可分为壳体和配件两部分来制作。壳体采用左右分模,两边分别热压成型,把手、旋钮、格栅、支脚则另外加工。

图 4-44　电暖气各角度视图

2. 制作过程

制作过程如图 4-45 至图 4-54 所示。

图 4-45　制作石膏凸模

图 4-46　利用石膏凸模翻制模具

图 4-47　打磨模具,并随时检查模具契合度,以防过度打磨

图 4-48　压模

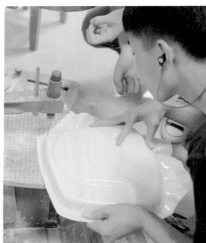
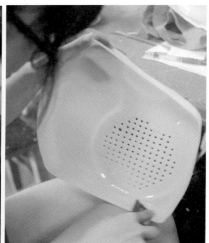

图 4-49　锯除"荷叶边",修整构件边缘

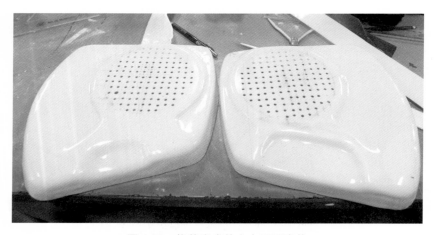

图 4-50　修整完成的左右两面壳体

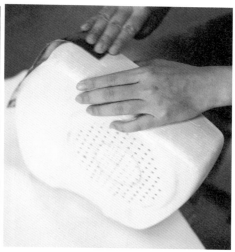

图 4-51　黏结左右壳体后,接缝处用原子灰填补空隙,并打磨光滑

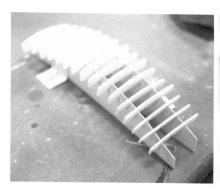

图 4-52　配件制作

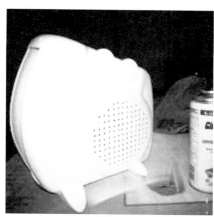

图 4-53　不同颜色部件分别喷漆

图 4-54　模型效果

本章小结

　　ABS 手工模型制作,可以达到逼真的效果,但需要具有足够的耐心,细心地处理各道工序。石膏模具阶段把握尺寸与比例,塑造形态;热压成型阶段处理各构件之间的匹配关系;打磨修整阶段体现细节;表面处理阶段突出设计效果。每个阶段都必须付出努力。虽然是手工制作,但并不是纯粹的照猫画虎,不同的造型特点其制作工艺不同,更需要开动脑筋,寻找最合适的制作方式,良好的计划和清晰的思路能起到事半功倍的效果。

复习思考题

1. 手工制作 ABS 塑料模型的基本程序有哪些?
2. 需要制作模具热压成型的造型特点是什么?
3. 可直接拼接成型的造型特点是什么?

实训课堂

1. 选择一个产品效果图,分析其造型特点,制定制作 ABS 塑料仿真模型的工艺流程。
2. 绘制一套凸模、凹模模具及热压成型示意图。
3. 用 ABS 板制作一个方体产品模型。
4. 用 ABS 板制作一个水壶、电饭煲或面包机等曲面造型的产品模型。

第 5 章
工业手板模型制作

本章将通过实例，要求学生掌握如下几点：

1. 认识工业手板制作的方式和各自的特点。

2. 掌握 CNC 手板制作的基本流程。

3. 了解工业手板制造行业的发展现状和新趋势。

学习指导

因手工手板制作工期长且尺寸和外观都很难达到精度要求,除了在工业设计、产品设计教学中使用外,现代工业手板已很少采用此种方式。随着科技的进步,计算机辅助设计(CAD)、计算机辅助制造(CAM)、计算机数字控制(CNC)技术的快速发展,为工业手板制作提供了更好、更快捷的技术支持,使得手板的精确成为可能。

在现代制造业激烈的竞争环境中,产品的开发速度对企业的生存与发展起着至关重要的作用。工业手板是在不需要开模具的前提下,根据产品的外观图纸和结构图纸先做出的一个或者几个用来检查外观或结构合理性的功能样板。在家电、IT产品、玩具、日用品等产品设计与制造领域,工业手板制作已成为一个必要环节,更发展成为一门非常专业的行业。对于常见的手机、小家电、创意产品等主要是制造外观模型,也涉及主要的零部件,用以展示、宣传或对外观、结构、功能、装配等进行验证。

跟手工手板不同,工业手板主要是由数控机床完成的,又称数控手板。根据所用设备的不同,又可分为激光快速成型(Rapid Prototyping,RP)手板和加工中心(CNC)手板,其中,3D打印是目前较为受关注的手板制作新途径。而根据制作模型所用材料,可分为塑胶手板和金属手板。

本章内容以参观学习为主。

5.1　加工中心(CNC)手板

5.1.1　理论指导

CNC手板制作的特点及行业现状如下。

CNC(数控机床)是计算机数字控制机床(Computer Numerical Control)的简称,是一种由程序控制的自动化机床,如图5-1所示。该控制系统能够逻辑地处理具有控制编码或其他符合指令规定的程序,通过计算机将其译码,从而使机床执行规定好了的动作,通过刀具切削将毛坯料加工成半成品或成品零件。而CNC手板制造是指以CNC为主要加工设备来制作产品外观或结构手板的方式,通常需要配合一定的手工打磨、黏结和装配。CNC加工是一种去材料加工方式,可以加工出精度相对较高的手板(模型),但只能一个个地做,它适合做1～5个的批量。

CNC手板能非常精确地反映设计图纸所表达的信息,而且其表面质量高,尤其在其完成表面喷涂和丝印后,甚至比开模具后生产出来的产品还要光彩照人。因此,CNC手板制造愈来愈成为手板制造业的主流。它几乎可以用所有的材料,如塑胶(ABS、PC、PMMA、PA、POM等)、五金(钢铁、不锈钢、铝合金、铜合金、锌合金、锌合金、镁合金等)或其他(如石膏、木材、发泡胶)。

在我国家电、通信产品、IT产品、医疗器械、汽车部件等制造业、各高校相关专业、创意产品设计公司等在展示或新产品开模之前均制作手板,而手板企业也如雨后春笋般诞生,但只有部分企业具有较系统的制作流程和较为全面的设备,大部分中小手板企业则依靠互相合作完成一个手板的制作,如某企业主要做CNC加工,其他五金加工、表面镀铬等工艺需要其他合作企业协助完成。

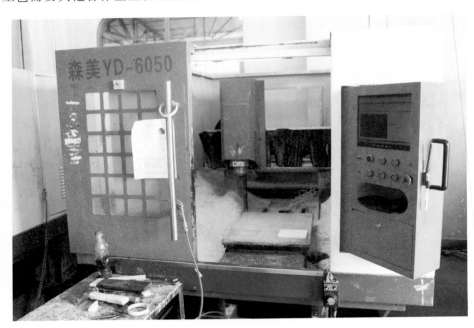

图5-1　CNC数控机床

5.1.2　制作工艺及过程

1. 获取产品数据

标准的产品开发流程中会把用电脑制作的产品3D模型交予手板厂打版,有了3D数据,只需要对其曲面数据进行适当修补即可。这是最简单快捷的一种方式,即由客户提供 3D 数据(即数字 3D 模型),一般保存成 IGS 格式。但也可能客户交予的是平面图纸,甚至是效果图或照片,这就需要工作人员有识图和将平面图转化为 3D 数据的能力,或根据照片直接进行产品外形及内部结构设计。

还有一种是 3D 抄数数据,这种情况是有样品实物进行 3D 抄数,然后以此数据进行造型,如图 5-2 所示。3D 抄数是逆向工程的第一步,分为手工抄数、机械抄数、激光抄数 3 种。3 种抄数各有优缺点:手工抄数测量点可根据造型灵活掌握,但是需要有经验的人工操作;机械抄数可由电脑设定点间距然后自动测量,优点是操作简便,缺点是不够灵活,速度慢;激光抄数精度高而且速度也很快,但设备较贵。

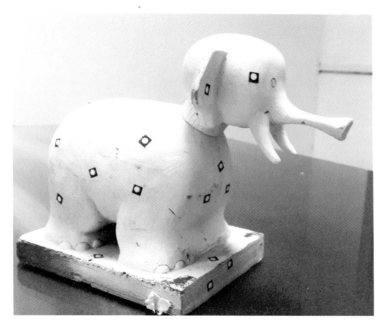

图 5-2　要进行 3D 抄数的实物模型(深圳荣昌手板厂)

2. 备料

根据产品设计要求,选择合适的材料准备加工。加工材料主要有塑胶类和金属类两大类,如常见的 ABS 板、铝材、不锈钢等,跟正式产品的材料一致。因 CNC 加工需要定位,所以在开毛坯材料时需留有一定的余量以方便操作,但要注意节省材料。

不同型号的 CNC 数控机床根据工作台尺寸的不同,加工尺寸也有限制。当产品尺寸较大或没有合适的材料时,如产品尺寸超过了设备加工范围或有一些加工不到的暗扣,以及一些电水壶之类的壁厚薄、腔体深、体积大的产品,用整料加工既浪费了材料又浪费了时间,考虑到工作效率,一般采取分块加工再黏合起来的方式。

3. CNC 加工

编程人员分析获取的 3D 数据,编写控制数控加工中心的程式语言,将程式输入 CNC 数控机床的控制电脑,调整定位,CNC 将根据程序自动加工,如图 5-3 所示。

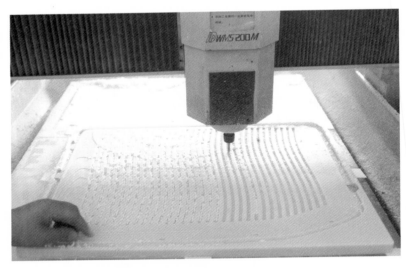

图 5-3　CNC 加工

4. 试装配及修整

CNC 手板制作通常配合手工进行后期处理:检测加工好的各部分零件尺寸,清除毛边,进行试装配,并对装配后的模型进行手工打磨、抛光、黏合等处理,使模型装配无误并表面光滑,为下一步表面处理做好准备,如图 5-4 所示。

图 5-4　工件手工处理工作台

5．表面处理与组装

根据产品设计要求,完成效果图中的各种表面效果,对各部件分别进行喷涂、丝印、电镀、水转印、拉丝、激光蚀刻等表面细节处理后,再进行最后的组装,完成手板样机制作,并将其交予客户进行评估和验证,根据需要进行调整或改进。如图 5-5 所示,根据环保部门的要求,需要对喷漆产生的剩余漆粉进行过滤和沉淀,一般配备水帘喷漆台进行作业。

图 5-5　手板厂水帘喷漆台

CNC 手板精度较高,一般可达到 80% 以上的仿真度,因此可用于制作仿真模型或样机。在通信和 IT 产品等行业,通常直接利用手板进行产品量产前的展示与宣传,可大大提高新产品的知名度,起到很大的推广作用。

5.1.3　CNC 手板制作实例

1．蓝牙迷你夹子音箱手板制作

制作要求:根据该产品的创意,为节省桌面空间,这款小音箱可以根据需要夹在书桌或书架上,因桌面或书架厚度不一,所以其夹板是可以调节的,要求制作的手板实现这个小功能,即结构上的可调节性。创意说明如图 5-6 所示。

Loudspeaker
蓝牙迷你夹子音箱

设计说明

这款蓝牙迷你夹子音箱的设计灵感来源于对我们现实生活中存在的不满而设计的。大家都知道书桌上本来东西就多，加上两个硕大的音箱摆放在两边占据了很多的位置；而且音箱由于距离太近，而失去了原有的感觉。于是，就构想了一款可以节省空间而且便携的蓝牙迷你夹子音箱。

这款蓝牙迷你夹子音箱可以夹于书桌、书架上的任何一个空间位置；可以方便地移动到自己想要的位置。

图 5-6　蓝牙迷你夹子音箱效果图及设计说明（谭薇）

制作过程与效果：

如图 5-7 至图 5-20 所示，手板制作公司在获取产品设计效果图或三维模型后，一般通过拆图、数据编程、CNC 加工、打磨粘贴、表面处理与装配等流程制作手板。

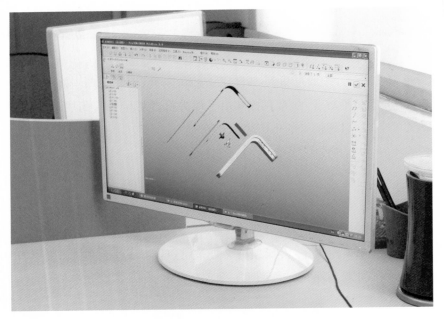

图 5-7　软件（Pro/Engineer）三维绘图

图 5-8　数据编程(拆图)

图 5-9　开料

图 5-10　CNC 加工

图 5-11　CNC 加工完成的部件

图 5-12　五金件加工

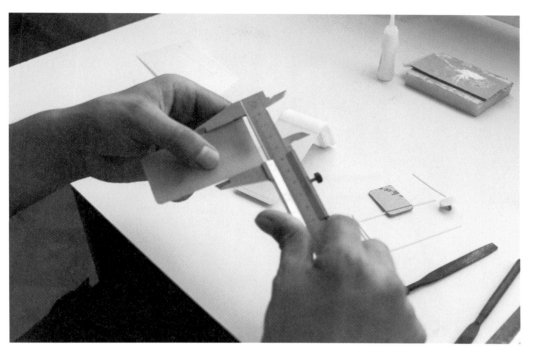

图 5-13　手工检查加工数据和开始组装模型

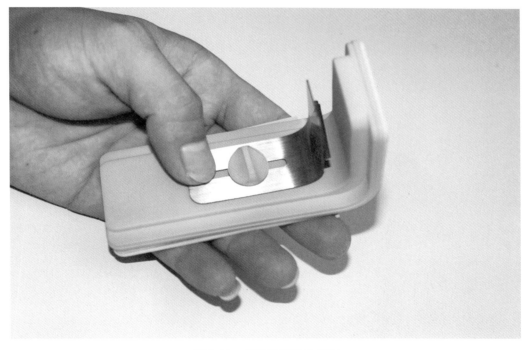

图 5-14　打磨表面及试装配

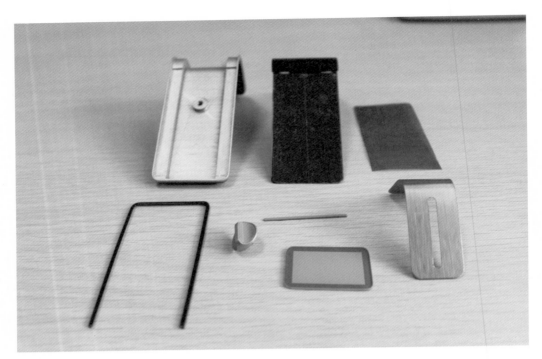

图 5-15　喷油

图 5-16　丝印

图 5-17　装配完整模型

图 5-18　手板效果 1

图 5-19　手板效果 2

图 5-20　手板效果 3

2. 人力驱动洗衣机手板制作

制作要求：

如图 5-21 所示，此设计为概念设计，以人力驱动，做运动的能量转换为洗衣机的动力，要求根据设计效果图制作外观手板。

图 5-21　人力驱动洗衣机效果图（张诗墨）

制作过程与效果，如图 5-22 和图 5-23 所示。

图 5-22　各部件制作

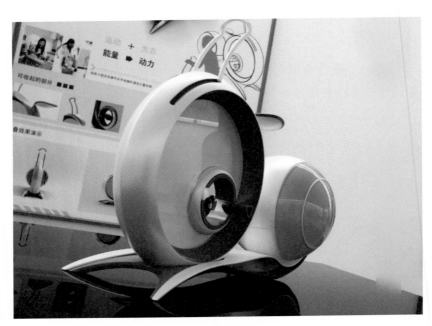

图 5-23　手板效果

3. 校园公共设施系统手板制作

制作要求：

如图 5-24 所示，此款产品是集饮水、导航、休息为一体的校园多功能服务设施，采用模块化设计理念，可自由组合，具有现代气息的外观设计，能很好地与日新月异的校园环境融合，要求制作外观手板。

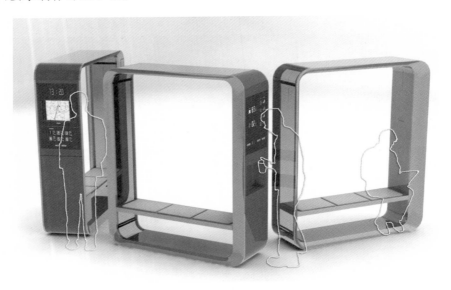

图 5-24　校园公共设施系统效果图（王梓）

制作过程与效果，如图 5-25 和图 5-26 所示。

图 5-25　各部件制作

图 5-26　手板效果

5.2 快速成型手板

5.2.1 理论指导

1. 快速成型技术

快速成型(RP)技术是 20 世纪 90 年代发展起来的一项先进的制造技术,不同于 CNC 数控机床"车铣刨"的去材料加工式的"减法工艺",它是"分层制造,逐层叠加",是材料累积的过程,属于"加法工艺"。形象地讲,快速成型系统就像是一台"立体打印机"。虽然不同种类的快速成型系统因所用成型材料的不同,其成型原理和系统特点也各有不同,但是其基本原理都是如此。

快速成型技术可以在无须准备任何模具、刀具和工装卡具的情况下,直接接受产品设计(CAD)数据,快速制造出新产品的样件、模具或模型。因此,RP 技术的推广应用可以大大缩短新产品开发周期,降低开发成本,提高开发质量。由传统的"去除法"到今天的"增长法",由有模制造到无模制造,这就是 RP 技术对制造业产生的革命性意义。

2. 3D 打印

(1) 3D 打印概述。

3D 打印,即快速成型技术的一种,它是一种以数字模型文件为基础,运用粉末状金属、石膏或塑料等可黏合材料,通过逐层堆叠累积的方式来构造物体的技术。狭义上指"MIT 开发的以粉末为基础的制造技术",广义上指所有的增材制造技术(Additive Manufacturing)。

当前传统制造业通过大批量生产,提供大部分人们想要的产品,但这些标准化的,甚至是千篇一律的产品,已经无法满足人们的个性化需求。而 3D 打印作为先进制造技术之一,实现了随时、随地、按不同需要进行生产,满足了人人可以创造个性化产品的需求。同时 3D 打印技术还可大幅降低生产成本,提高原材料和能源的使用效率,减少对环境的影响。

最近几年,3D 打印机的价格中小企业已经能够负担得起,从而使得重工业的原型制造环节进入办公环境完成,并且可以放入不同类型的原材料进行打印。因为快速成型技术在市场上占据主导地位,3D 打印机在生产应用方面有着巨大的潜力,在珠宝首饰、鞋类、工业设计、建筑、汽车、航天、牙科及医疗方面都能得到广泛的应用,如图 5-27 所示。除工业用 3D 打印机外,桌面 3D 打印机也渐渐进入人们的生活和工作中,人们可自行打印个性化的物品。

图 5-27　3D 打印的扳手模型

（2）3D 打印的分类。

喷墨 3D 打印:即利用喷墨打印机的工作原理进行打印。这类打印机一般将塑料类材料熔融,打印机头喷出液态或丝状塑料,凝固后形成薄层,逐层累积而成。

粉剂 3D 打印:用粉剂作为打印材料,在工作台上以很小的厚度一层一层地铺上这些粉剂材料,通过液体黏结剂使打印物品的成型处凝固,非打印部分的粉剂可被冲洗掉或吹掉。

生物 3D 打印:在医学和生物学领域,一些简单的生物组织如肌肉、皮肤,甚至人体器官等通过 3D 打印机打印出来,并可发挥简单的机能作用;食物也可以打印出来。

（3）3D 打印的材料。

每种技术各有所长也各有所短,了解预期的应用和所需材料的特性非常重要。3D 打印的材料范围非常广泛,塑料、金属、陶瓷以及橡胶等材料都可用于打印,可以是一种材料,也可以是几种材料的配比,以得到更加高强度、富有弹性等特性的物体。

每种打印技术都受限于具体的材料类型。由于各 3D 打印机服务供应商所提供的打印技术和打印设备各不相同,打印材料一般也要向设备供应商购买,通常相较于工业原料价格不菲,因此,3D 打印手板通常采用按重量计费,一般用于制作体积较小或工艺品类产品模型。

5.2.2 制作过程

3D打印手板一般可分为三个阶段。

1. 获取数据

同 CNC 一样,3D打印机也需要创建三维模型数据。一般使用 CAD 软件来创建物品模型,也可以是其他软件制作的三维模型,复制到打印机之后,调整位置和尺寸,打印机将三维信息进行分层,得到每层的二维信息后便可以进行打印。其打印原理同传统打印机一样,只是需要在印前设计一个三维的电脑模型,而且成品是三维的。

2. 打印

3D打印与激光成型技术一样,采用了分层加工、叠加成型来完成 3D 实体模型的打印。每一层的打印过程分为两步,首先在需要成型的区域喷洒一层特殊胶水,胶水液滴本身很小,且不易扩散;然后喷撒一层均匀的粉末,粉末遇到胶水会迅速固化黏结,而没有胶水的区域仍保持松散状态。这样在一层胶水一层粉末的交替下,实体模型将会被"打印"成型,打印完毕后只要扫除松散的粉末即可"刨"出模型,而剩余粉末还可循环利用。

3. 表面处理

如图 5-28 所示,用 3D 打印机打印的扳手,逐层打印的纹理清晰可见,影响了外观效果,若要得到光洁平滑的表面并喷漆上色,还需要进行特殊处理。

图 5-28　3D 打印的扳手表面

目前工业上通常使用打磨方式的是砂纸打磨(Sanding)、珠光处理(Bead Blasting)和蒸汽平滑(Vapor Smoothing)这 3 种技术。

砂纸打磨是一种廉价而行之有效的方法,也是目前最广泛使用的方法,可手工打磨或使用砂带磨光机这样的专业设备,要特别注意不要过度打磨,以免模型变形报废。

珠光处理一般比较快,操作人员手持喷嘴朝着抛光对象高速喷射介质小珠从而达到抛光的效果,处理过后的产品表面光滑,有均匀的亚光效果。

蒸汽平滑是将 3D 打印零部件浸渍在蒸汽罐里,其底部有已经达到沸点的液体(工业上通常用丙酮,属于有毒气体,使用时需格外小心)。蒸气上升可以融化零件表面约 2 微米左右的一层,几秒钟内就能把它变得光滑闪亮。

表面打磨完成后便可进行喷漆、电镀等操作,如图 5-29 所示。

图 5-29　表面电镀的 3D 打印模型

5.2.3　3D 打印模型制作实例

本机工艺原理为输入 3D 数据后,设置好打印尺寸和打印位置,首先铺粉机构在加工平台上精确地铺上一薄层粉末材料,然后喷墨打印头根据这一层的截面形状在粉末上喷出一层特殊的胶水,喷到胶水的薄层粉末发生固化。再在这一层上再铺上一层一定厚度的粉末,打印头按下一截面的形状喷胶水。如此层层叠加,从下到上,直到把一个产品的所有层打印完毕。然后把未固化的粉末清理掉，得到一个三维实物原型。图 5-30 至图 5-39展示了本案例所使用的 3D 打印机、打印材料、打印过程、表面处理材料、打印模型效果等。

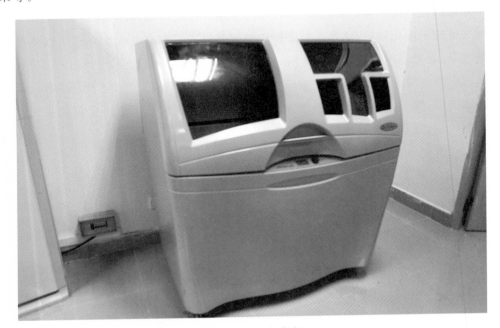

图 5-30　3D 打印机

图 5-31　开始打印（屏幕显示需打印 397 层）

图 5-32　打印机工作台逐层铺印白色粉剂材料

图 5-33　清除未固化的粉剂

图 5-34　取出打印好的模型

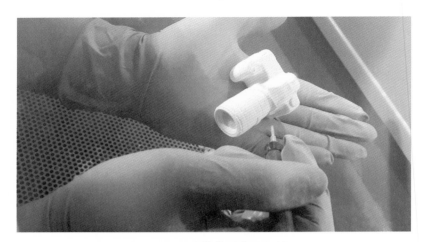

图 5-35　吹掉模型表面粉剂

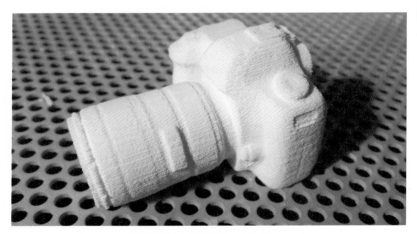

图 5-36　数码相机模型打印效果

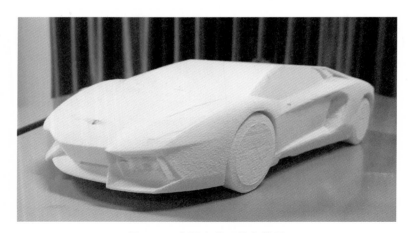

图 5-37　表面未处理的车模型

图 5-38　表面处理后的马模型

图 5-39　其他打印作品和所使用的干燥剂、黏结剂、胶水等

本章小结

本章内容要求读者能够了解工业手板制作的方式方法、流程及发展趋势,技术的发展必将带动制造业迈向新的历程,了解和关注新技术可以激发我们的设计创意,就像 3D 打印技术开创了个性化产品制造的新领域一样,设计行业也要与时俱进。创意是产品的灵魂,它可以使制造更有生命力,更能体现产品的价值,进而改变或颠覆我们的生活。

复习思考题

1. 说明 CNC 数控机床的加工特点。
2. 列举手板制作常用的表面处理工艺。
3. 3D 打印技术对传统制造业的影响表现在哪些方面?
4. 3D 打印技术的应用领域及各有哪些特点?

实训课堂

去手板企业参观一套完整的手板制作流程。

第 6 章
模型制作案例赏析

对应课程要求,本章特别从学生作品和企业手板制作作品中筛选了若干优秀的手工模型和手板模型,作为课程欣赏和参照的对象。其中第一部分为学生手工加工制作;第二部分由学生设计并由专业的模型制作公司通过现代数控设备加工制作而成。

6.1 学生手工模型制作案例

本节精选了一批学生制作的优秀手工模型作品,这些作品涵盖了家电、生活用品、电子产品等多个领域,丰富多样(图 6-1 至图 6-19)。这部分案例多为"模型制作"课程作业,选用现有市场已有的产品作为制作对象,通过电脑自绘产品三视图和尺寸图,采用泥料、泡沫、石膏等材料制作原型,翻制出石膏模具,通过 ABS 塑料、有机玻璃热压成型,后期打磨、粘贴、喷漆等后期处理手段手工制作完成,加工精细,结构清晰,细节到位,尺寸准确,表面光洁,取得了比较理想的整体效果。

图 6-1　面包机(学生李泳津、杨思萍、梁煜彬、谭咏仪、黄燕制作)

主要材料:ABS、铁丝

图 6-2　收音机（学生何珠莹、林文海、金静晓、黄镒基等制作）

主要材料：ABS、网纹纱布

图 6-3　面包机（学生黎汉辉、徐智芹、朱小丽、曾雪贞制作）

主要材料：ABS、铁丝

图 6-4　空气净化器（学生张仕雄、何正源、赖锐金、许婉娜制作）

主要材料：ABS

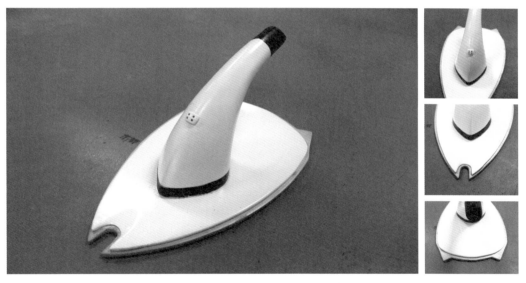

图 6-5　电熨斗（学生陈雅晴、康嘉泓、杨雯杰、黄文威、徐润楷制作）

主要材料：ABS

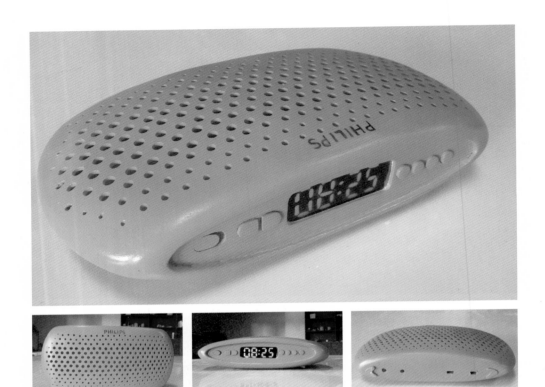

图 6-6　播放器(学生钟坚麟、吴伟文、麦琦婷、胡流玲制作)

主要材料:ABS、有机玻璃

图 6-7　播放器(学生曾嘉慧、梁芷晴、马卓生、梁兴炎制作)

主要材料:ABS、网纹纱布

图 6-8 游戏机（学生郑丽霞、冯宝怡、李成、陈树威制作）

主要材料：ABS、有机玻璃

图 6-9 空气净化器（学生张燕辉、姚筱琪、谢燕梅、莫石霞、钟健钊制作）

主要材料：ABS、有机玻璃

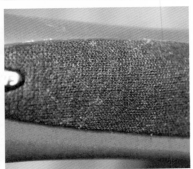

图 6-10　收音机（学生许清珍、沈沛臣、黄武山、谢俊杰制作）

主要材料：ABS、网纹纱布

图 6-11　空气净化器（学生许文兴、陈丹婷、梁晓婕、朱猗旋制作）

主要材料：ABS

图 6-12 　收音机（学生何俊涛、戴尚华、韦结芬、邹倩雯制作）

主要材料：ABS、有机玻璃

图 6-13 　播放器（学生苏仁昌、邓灿玲、梁剑娣、叶春丽、林栩婷制作）

主要材料：ABS、网纹纱布

图 6-14　空气净化器（学生邹建龙、付静宜、蔡玉琪、张景豪制作）

主要材料：ABS

图 6-15　电饼铛（学生陈晓玲、叶宝豪、谭薇、徐彩珍制作）

主要材料：ABS

图 6-16　电话（学生谢奕兴、何文安、苏伟华等制作）

主要材料：ABS

图 6-17　面包机（学生张炳新、张玉辉、李乐、梁旭明制作）

主要材料：ABS

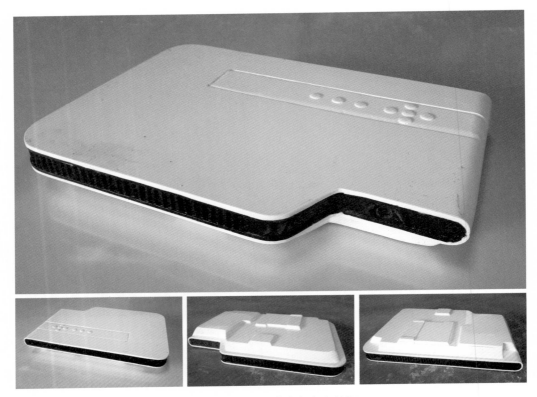

图 6-18　投影仪（学生郑光欢制作）

主要材料：ABS

图 6-19　电视机（学生张庆福、何敏仪、崔尹恩、韦营制作）

主要材料：ABS、有机玻璃、彩色打印图纸

6.2　手板企业模型制作案例

　　本节选用了学生的优秀设计作品(图6-20至图6-41),通过现代数控技术手段制作出产品模型。作品主体部分采用CNC雕刻技术完成,后期以精细的手工制作为辅助,代表了当今模型制作的先进工艺与技术。

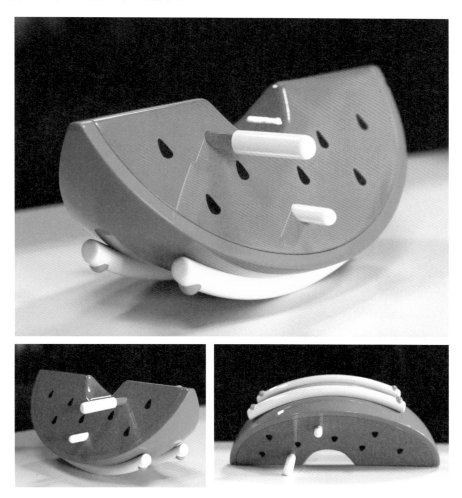

图6-20　水果摇摇椅(学生陈佩雯设计作品)

主要制作材料:ABS

图 6-21 迷你空气加湿器（学生陈燕妮设计作品）

主要制作材料：ABS

图 6-22　音乐香薰机加湿器（学生廖颖设计作品）

主要制作材料：ABS、有机玻璃

图 6-23 照明驱蚊灯（学生徐彩珍设计作品）

主要制作材料：ABS、灯罩布

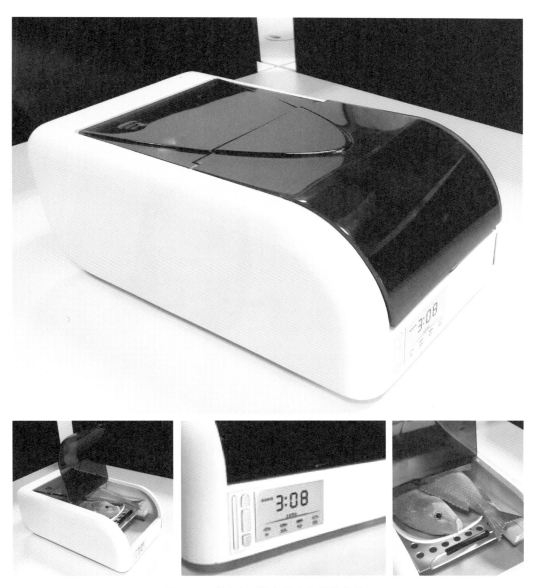

图 6-24　蒸鱼机（学生黄武山设计作品）

主要制作材料：ABS、有机玻璃、金属

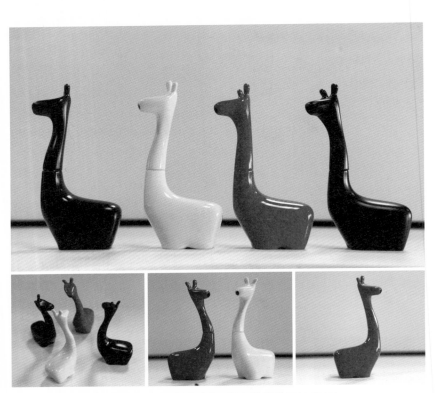

图 6-25　长颈鹿调味瓶（学生戴尚华设计作品）

主要制作材料：ABS

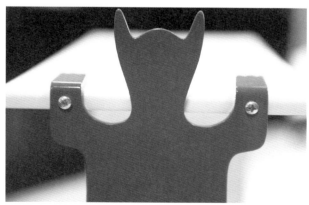

图 6-26 "袋鼠魔方"儿童桌（学生梁晓婕设计作品）

主要制作材料：ABS、金属、纤维布料

图 6-27　咖啡机(学生谢燕梅设计作品)

主要制作材料:ABS、金属

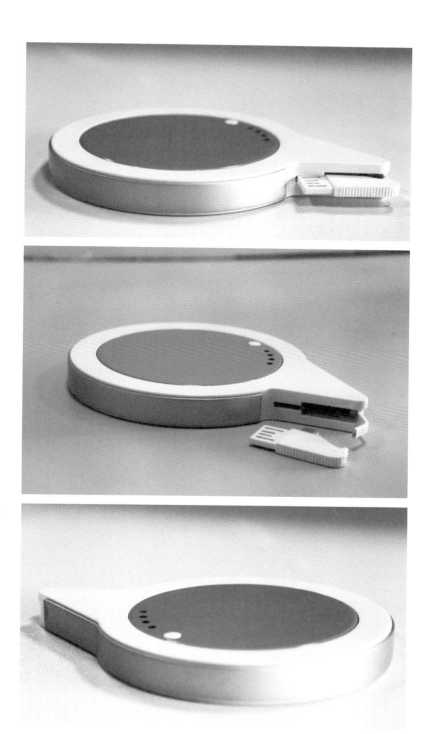

图 6-28　卷尺移动电源（学生林灿荣设计作品）

主要制作材料：硬质抛光塑料、金属

图 6-29　可坐式旅行箱（学生何俊涛设计作品）

主要制作材料：ABS

图 6-30　调料瓶（学生欧丽莹设计作品）

主要制作材料：ABS、透明塑料

图 6-31　自动售药机（学生黎晓彤设计作品）

主要制作材料：ABS、透明塑料

图 6-32 "荷塘月色"茶具（学生欧乐桃设计作品）
主要制作材料：陶土、木、金属

图 6-33 USB 驱蚊灯（学生赵崇楷设计作品）

主要制作材料：ABS、透明塑料

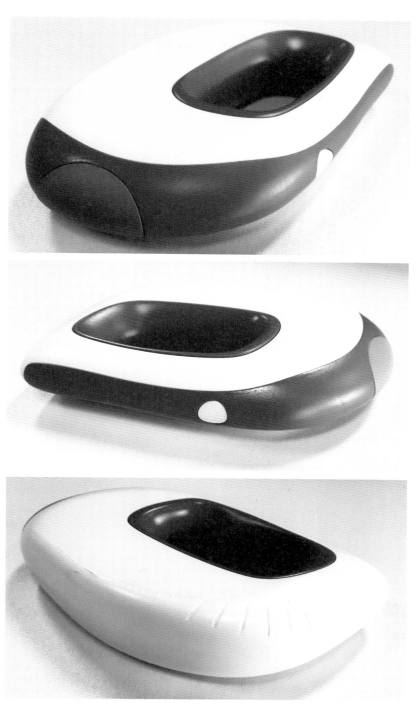

图 6-34　旅行野营灯（学生何心画设计作品）

主要制作材料：ABS

图 6-35　"百变时相"电子相册（学生霍靖设计作品）

主要制作材料：亚克力、ABS 塑胶

图 6-36　安全插座（学生陆立初设计作品）

主要制作材料：ABS

图 6-37 UFO 概念智能无线路由器（学生叶宝豪设计作品）

主要制作材料：ABS、有机玻璃

图 6-38　音箱（学生张燕辉设计作品）

主要制作材料：ABS

图 6-39　光环灯（学生龙聆伶设计作品）

主要制作材料：ABS

图 6-40　概念车设计（学生何正源设计作品）

主要制作材料：ABS

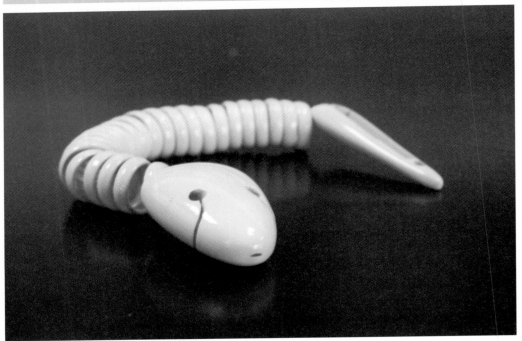

图 6-41 概念耳机缠绕器（吴楚櫟设计作品）

主要制作材料：塑料

参 考 文 献

1. 桂元龙,李楠.产品模型制作与材料[M].北京:中国轻工业出版社,2013.

2. [美]利普森,[美]库曼.3D打印:从想象到现实[M].赛迪研究院专家组,译.北京:中信出版社,2013.

3. 伊万斯(Brian Evans).解析3D打印机:3D打印机的科学与艺术[M].程晨,译.北京:机械工业出版社,2013.

4. 杜海滨,胡海权.工业设计模型制作[M].北京:水利水电出版社,2012.

5. 韩霞,杨恩源.快速成型技术与应用[M].北京:机械工业出版社,2012.

6. 江湘芸.设计材料及加工工艺[M].北京:北京理工大学出版社,2010.

7. 彭泽湘.产品模型设计[M].长沙:湖南大学出版社,2009.

8. 赵真.工业设计模型制作[M].北京:北京理工大学出版社,2009.

9. 兰玉琪.图解产品设计模型制作[M].北京:中国建筑工业出版社,2007.

10. 江湘芸.产品模型制作[M].北京:北京理工大学出版社,2005.

教学支持说明

尊敬的老师：

　　您好！为方便教学，我们为采用本书作为教材的老师提供教学辅助资源。鉴于部分资源仅提供给授课教师使用，请您填写如下信息，发电子邮件或传真给我们，我们将会及时提供给您教学资源或使用说明。

　　（本表电子版下载地址：http://www.tup.com.cn/sub_press/3/）

课程信息

书　　名			
作　　者		书号（ISBN）	
课程名称		学生人数	
学生类型	□本科　□研究生　□MBA/EMBA　□在职培训		
本书作为	□主要教材　□参考教材		

您的信息

学　　校			
学　　院		系/专业	
姓　　名		职称/职务	
电　　话		电子邮件	
通信地址		邮　　编	
对本教材建议			
有何出版计划			

　　　　　　　　　　　　　　　　　　　　　　　　_____年____月____日

 清华大学出版社

E-mail: tupfuwu@163.com　　　　　　　　　网址：http://www.tup.com.cn/
电话：8610-62770175-4903/4506　　　　　　传真：8610-62775511
地址：北京市海淀区双清路学研大厦 B 座 506 室　　邮编：100084